Nobert Mohr
Karsten Spenrath
Willibert Spenrath

Gabelstapler
Ausbildung und Prüfung

Bestell-Nr. 31124

VERKEHRSVERLAG FISCHER

Autoren:

Norbert Mohr
Karsten Spenrath
Willibert Spenrath

Zu diesem Lehrbuch ist eine Trainer-CD mit einer Schulungspräsentation, Prüfungsunterlagen und Teilnahmebestätigungen erhältlich.

ISBN 978 - 3 - 87841 - 567 - 1 • Bestell-Nr. 31124

Copyright © 2013 – 2. Auflage
Verkehrs-Verlag J. Fischer GmbH & Co. KG, Corneliusstraße 49, D - 40215 Düsseldorf

VERKEHRSVERLAG FISCHER

Herstellung und Vertrieb:
Verkehrs-Verlag J. Fischer GmbH & Co. KG, Corneliusstraße 49, D - 40215 Düsseldorf
Telefon: +49 (0)211 / 9 91 93 - 0 • Telefax: +49 (0)211 / 6 80 15 44
E-Mail: vvf@verkehrsverlag-fischer.de • Internet: www.verkehrsverlag-fischer.de
www.gefahrzettel24.de

Vertrieb für Österreich:

A - 7000 Eisenstadt
Sandgrubweg 2

Telefon: +43 (0)699 / 110 70 515
E-Mail: info@marktplatz-meixner.at • Internet: www.marktplatz-meixner.at

Wir bedanken uns für die freundliche fachliche Unterstützung und Bereitstellung von Bildmaterial, ohne die dieses Lehrbuch nicht zu realisieren gewesen wäre.
Insbesondere bedanken wir uns bei:
NISSAN Forklift, Herrn Rose
Linde Material Handling GmbH, Herrn Sieverdingbeck und Frau Löffler
Stabau Schulte-Henke GmbH, Herrn Pantelmann
Truma Gerätetechnik GmbH & Co.KG, Frau Bringazi
Schulungszentrum Humer, Herrn Ing. Christoph Humer
Herrn Frank Rex

Alle Rechte vorbehalten.

Bitte beachten Sie, dass trotz größter Sorgfalt bei der Erstellung dieser Broschüre k e i n e Gewähr für die Richtigkeit übernommen werden kann.

Verbesserungen nehmen wir dankend entgegen.

Inhaltsverzeichnis

	Seite
Einleitung	6
1. Rechtliche Grundlagen	7
1.1 Besonders wichtig für Gabelstaplerfahrer	7
Anweisungen	7
Berufsgenossenschaftliches Regelwerk	7
1.2 Vorschriften im Umgang mit Flurförderzeugen	8
Gesetze, Verordnungen und Normen	8
1.3 Voraussetzung zur Führung von Flurförderzeugen nach BGV D27	9
Auswahl der Fahrzeugführer	9
Gesundheitliche Voraussetzungen	10
Gliederung der Ausbildung gem. BGG 925	11
Der Fahrausweis	12
1.4 Der verantwortungsvolle Fahrer	14
Rechtsfolgen	14
2. Unfallgeschehen	17
2.1 Unfallarten beim Betrieb des Gabelstaplers	17
Anfahrunfälle	17
Fahrerunfälle	17
Ladegutunfälle	18
Lastaufnahmemittelunfälle	18
Aufstiegsunfälle	18
2.2 Unfallprävention	19
2.3 Darum ist Ausbildung sinnvoll	20
3. Flurförderzeuge, Anbauten, Aufbau, Funktion	21
3.1 Definition von Flurförderzeugen	21
3.2 Hauptgruppen der Flurförderzeuge	22
3.3 Aufbau des Gabelstaplers	25
Rahmen	25
Gegengewicht	25
Fahrwerk	26
Hubgerüst	29
Hupe	31
Beleuchtung	31
Zündschlüssel	31
3.4 Fabrikschild / Typenschild	32
3.5 Fahrerrückhalteeinrichtungen	33
3.6 Betrieb in feuer- und explosionsgefährdeten Bereichen	36
3.7 Lenkung	37
3.8 Anbaugeräte	38
Statische Anbaugeräte	38
Dynamische Anbaugeräte	42
4. Antriebsarten	45
4.1 Besonderheiten bei elektrisch betriebenen Gabelstaplern	45
Schutzmaßnahmen beim Laden der Batterien	46
4.2 Besonderheiten bei dieselbetriebenen Gabelstaplern	48
4.3 Besonderheiten bei benzin- oder gasbetriebenen Gabelstaplern	49
Vorgehensweise beim Flaschenwechsel	50

Inhaltsverzeichnis

		Seite
5.	**Standsicherheit**	51
5.1	Schwerpunkte allgemein	51
5.2	Schwerpunkt des Gabelstaplers	52
5.3	Schwerpunkt der Last	52
5.4	Der Schwerpunkt verändert sich	53
5.5	Tragfähigkeit des Gabelstaplers	56
5.6	Traglastdiagramme	58
5.7	Kurvenfahrten	62
5.8	Transport von Flüssigkeiten	64
5.9	Weitere Faktoren, die die Standsicherheit beeinträchtigen können	65
5.10	Verhalten beim Kippen eines Gabelstaplers	66
6.	**Betrieb allgemein**	67
6.1	Betriebsanleitung	67
6.2	Betriebsanweisung des Unternehmers	68
6.3	Schriftlicher Fahrauftrag	68
6.4	Abstellen des Gabelstaplers	69
6.5	Gefahren beim Betrieb des Gabelstaplers	71
7.	**Prüfungen**	75
7.1	Sicht- und Funktionsprüfung	76
	Rundgang	77
	Motorinnenraum	78
	Fahrerkabine und Mobilität	79
7.2	Regelmäßige Prüfung durch Sachkundige	81
7.3	Prüfplakette	82
8.	**Umgang mit der Last**	83
8.1	Lastaufnahme	83
	Vor der Lastaufnahme	83
	Grundsätzliches Vorgehen bei der Lastaufnahme (eine Etage)	85
	Grundsätzliches Vorgehen bei der Lastaufnahme (mehrere Etagen)	86
	Fehler bei der Lastaufnahme	87
	Grundsätzliche Sicherheitsvorkehrungen	88
	Tragfähigkeit von Regalen und Böden	88
8.2	Lastentransport	89
8.3	Absetzen der Last	90
	Auswahl der Abstellplätze	91
8.4	Be- und Entladen von Anhängern oder Wechselbrücken	92
8.5	Freie Sicht	93
8.6	Umgang mit hängenden Lasten	94
8.7	Umgang mit Gefahrstoffen	95

Inhaltsverzeichnis

		Seite
9.	**Besondere Einsätze**	97
9.1	Arbeitsbühnen	97
9.2	Öffentlicher Straßenverkehr	99
	Bestimmungen für den Fahrer	99
	Zulassungsbestimmungen für den Gabelstapler	99
	Beschaffenheit des Staplers für die Teilnahme am öffentlichen Straßenverkehr	100
	Ausnahmen	100
9.3	Anhänger und Eisenbahnwaggons	101
9.4	Feuerflüssige Massen	102
9.5	Einsatz von kraftstoffbetriebenen Gabelstaplern in Hallen	103
10.	**Verkehrszeichen, Verkehrsregeln und Verkehrswege**	105
10.1	Verkehrszeichen	105
	Verbotszeichen	105
	Gebotszeichen	106
	Warnzeichen	107
	Rettungszeichen	108
10.2	Verkehrsregeln und Verkehrswege	110

Schlusswort 113

Anhang
Checkliste Abfahrtkontrolle 114
Fahrauftrag:
    Beispiel 1 117
    Beispiel 2 118
Betriebsanweisung:
    Beispiel 1 119
    Beispiel 2 121
Quellennachweis Bilder 123

Einleitung

Einleitung

„Zeit ist Geld" ist auch in der Logistik ein tägliches Motto beim Warenumschlag. Laut Statistik wird dieser Spruch traurige Wahrheit, denn immer mehr Unfälle passierten in der Vergangenheit, weil z.B. Gabelstaplerfahrer aus Zeitdruck die nötige Sorgfalt vernachlässigt haben. Auch in diesem Jahr sind wieder spektakuläre Unfälle, leider auch im Zusammenhang mit der Verladung von Gefahrgütern, vorgefallen. Sofort kann dann die kurze Zeit, in der man unachtsam war, mehrere tausend Euro kosten. So entstehen jährlich große Schäden, die vermeidbar gewesen wären, wenn mehr Zeit in die Aus- und Fortbildung investiert worden wäre. Eine gewaltige Menge Geld ließe sich dadurch sparen und das freut jeden Arbeitgeber. Aber nicht nur materielle Unfälle zeugen davon, dass Gabelstaplerfahrer wenig ausgebildet sind. Jedes Jahr wird durch tausende von Fällen belegt, wie gefähr-

lich unprofessioneller Umgang mit Gabelstaplern ist. Diverse Knochenbrüche und Prellungen sind hier noch die absolut harmlosesten Fälle. Die deutsche gesetzliche Unfallversicherung (DGUV) erwähnt in ihrer letzten Unfallstatistik 10.759 meldepflichtige Unfälle mit Gabelstaplern im Jahre 2010, ein Anstieg gegenüber 2009 mit 9.619 meldepflichtigen Unfällen. Der Ausgang von Unfällen mit tödlicher Folge hat sich von 8 im Jahre 2009 auf 18 im Jahre 2010 mehr als verdoppelt.

Um diese Statistik zu senken, liegt Ihnen diese Ausbildungsunterlage vor, mit deren Hilfe Sie lernen werden, Gefahren zu erkennen und frühzeitig zu reagieren. Dieses Buch richtet sich sowohl an solche, die ihre Gabelstaplerausbildung noch nicht absolviert haben, als auch an jene, die schon langjährige Erfahrung haben, und ganz besonders an diejenigen, die jetzt an einer Ausbildung teilnehmen und die Gabelstaplerprüfung ablegen wollen. Wir führen Ihnen Technik, Einsatz und Gefahrenquellen des Gabelstaplers ausführlich vor Augen, damit Sie auf Ihre täglichen Aufgaben vorbereitet sind. Lernen Sie mit Ihrem Arbeitsgerät vernünftig umzugehen, damit der Spruch „Zeit ist Geld" aus der Erinnerung verschwindet und der Spruch „Zeit ist Sicherheit" Bedeutung gewinnt, denn oft ist ein klein wenig mehr Zeit mehr Geld, und vor allem und noch viel wichtiger, mehr Sicherheit für alle Betriebszugehörigen und für Sie selber. Wir wünschen Ihnen viel Erfolg bei der Ausbildung und eine erfolgreiche Prüfung.

Das Autorenteam

April 2013

1. Rechtliche Grundlagen

1. Rechtliche Grundlagen

Eine Reihe von Vorschriften und Verordnungen sind in der Vergangenheit geschaffen worden, um den Umgang mit Gabelstaplern zu vereinfachen und auch abzusichern. Diese Regeln sind Grundlage Ihrer Tätigkeit und auf jeden Fall zu beachten.

1.1 Besonders wichtig für Gabelstaplerfahrer

Maßgebliche **Priorität** haben für Sie **betriebsinterne** und **fahrzeugtechnische Anweisungen**, sowie das **berufsgenossenschaftliche Regelwerk**. Das sind zum Beispiel:

- Betriebsanweisungen des Unternehmens und
- Bedienungsanleitung des Gabelstaplerherstellers

- **B**erufs**G**enossenschaftliche **V**orschriften (BGV)
  - ➡ BGV A1   :   Grundsätze der Prävention
  - ➡ BGV D27   :   Flurförderzeuge
  - ➡ BGV D34   :   Flüssiggasverwendung

- **B**erufs**G**enossenschaftliche **R**egeln (BGR)
  - ➡ BGR 193   :   Benutzung von Kopfschutz
  - ➡ BGR 233   :   Ladebrücken und fahrbare Rampen

- **B**erufs**G**enossenschaftliche **G**rundsätze (BGG)
  - ➡ BGG 925   :   Ausbildung und Beauftragung der Fahrer von Flurförderzeugen mit Fahrersitz und Fahrerstand
  - ➡ BGG 939   :   Prüfbuch für kraftbetriebenes Flurförderzeug

- **B**erufs**G**enossenschaftliche **I**nformationen (BGI)
  - ➡ BGI 504-G25   :   Arbeitsmedizinische Vorsorgeuntersuchung G25 „Fahr-, Steuer- und Überwachungstätigkeiten"
  - ➡ BGI 545   :   Gabelstapler

Das berufsgenossenschaftliche Regelwerk hat Verordnungscharakter und ist somit bindend für Sie. Es ist notwendig, die berufsgenossenschaftlichen Bestimmungen zu kennen, zu beherrschen und anzuwenden, da bei Verstoß entsprechende Strafen oder Bußgelder auf Sie zukommen.

1. Rechtliche Grundlagen

1.2 Vorschriften im Umgang mit Flurförderzeugen

Gesetze und Verordnungen:

- StVZO : Straßenverkehrszulassungsordnung
- StVO : Straßenverkehrsordnung
- FeV : Fahrererlaubnis-Verordnung
- ArbSchG : Arbeitsschutzgesetz
- GPSG : Gesetz über technische Arbeitsmittel und Verbraucherprodukte
- 9. GPSGV : Neunte Verordnung zum Geräte- und Produktsicherheitsgesetz
- BetrSichV : Betriebssicherheitsverordnung
- ArbStättV : Arbeitsstättenverordnung

Normen:

- DIN EN 1459/A1 und DIN EN 15000 → Sicherheit von Flurförderzeugen
- DIN ISO 5053 → Kraftbetriebene Flurförderzeuge – Begriffe
- ISO 1074 → Gabelstapler (Standsicherheitsversuche)
- ISO 2330 → Gabelzinken, technische Bedingungen und Prüfung

Diese Vorschriften, Gesetze, Verordnungen und Normen sollten Sie kennen. Das ist leicht gesagt, deshalb werden wir im weiteren Verlauf der Broschüre die wesentlichen Inhalte erläutern, damit Sie gut vorbereitet Ihrer Tätigkeit nachgehen können.

!!! Achtung !!!

Diese Gesetze und Verordnungen sind bindend für Ihre Tätigkeit mit einem Gabelstapler.

Ein Verstoß gegen diese Regeln kann Sie teuer zu stehen kommen.

!!! Achtung !!!

1. Rechtliche Grundlagen

1.3 Voraussetzung zur Führung von Flurförderzeugen nach BGV D27

Auswahl der Fahrzeugführer

Als Führer von Flurförderzeugen aller Art müssen Sie gemäß berufsgenossenschaftlicher Regelwerke gewisse Voraussetzungen erfüllen.

Im § 7 der BGV D27 heißt es: „Der **Unternehmer** darf mit selbstständigem Steuern von Flurförderzeugen mit Fahrersitz oder Fahrerstand **Personen** nur **beauftragen**,

- die **mindestens 18 Jahre** alt sind,
    - **Ausnahme:** Jugendliche unter 18 Jahren in der Ausbildung
- die für diese Tätigkeit **geeignet** und **ausgebildet** sind,
- die ihre **Befähigung nachgewiesen** haben."

Die **Auftragserteilung** seitens des Unternehmers muss **schriftlich** erfolgen.

Im § 7 Absatz 2 der BGV D27 heißt es weiterhin:
„Der Unternehmer darf mit dem Steuern von Flurförderzeugen nur Personen beauftragen, die geeignet und die **in der Handhabung unterwiesen** sind."

Im **Absatz 3** ist die **Beauftragung** des Mitarbeiters durch den Unternehmer festgelegt.

1. Rechtliche Grundlagen

Gesundheitliche Voraussetzungen

Die **körperliche Eignung** sollte durch **arbeitsmedizinische Vorsorgeuntersuchungen** nach dem Berufsgenossenschaftlichen Grundsatz für arbeitsmedizinische Vorsorgeuntersuchungen

G 25 „Fahr-, Steuer- und Überwachungstätigkeiten"

festgestellt werden (BGG 904).
Bei Beschäftigten, die Fahr-, Steuer- und Überwachungstätigkeiten ausüben, können arbeitsmedizinische Vorsorgeuntersuchungen angezeigt sein, wenn an ihre gesundheitliche Eignung besondere Anforderungen zu stellen sind, um Unfall- und Gesundheitsgefahren für die Beschäftigten oder Dritte zu verhindern (BGI 504-G25).
Bei geringen Gefahren kann auf diese arbeitsmedizinischen Vorsorgeuntersuchungen verzichtet werden.

Die **Untersuchungen** gliedern sich gem. BGI 504-G25 in

Erstuntersuchung	Vor Aufnahme von Fahr-, Steuer- und Überwachungstätigkeiten
Nachuntersuchung	<ul><li>bis zum vollendeten 40. Lebensjahr nach 36 bis 60 Monaten</li><li>ab dem vollendeten 40. bis zum vollendeten 60. Lebensjahr nach 24 bis 36 Monaten</li><li>ab dem vollendeten 60. Lebensjahr nach 12 bis 24 Monaten</li></ul>
Vorzeitige Nachuntersuchungen	<ul><li>Nach längerer Arbeitsunfähigkeit (mehrwöchige Erkrankung) oder körperlicher Beeinträchtigung, die Anlass zu Bedenken gegen die weitere Ausübung der Tätigkeit geben könnte</li><li>Bei Aufnahme einer neuen Tätigkeit</li><li>Nach ärztlichem Ermessen in Einzelfällen (z. B. bei befristeten gesundheitlichen Bedenken)</li><li>Auf Wunsch des Beschäftigten, der eine Gefährdung aus gesundheitlichen Gründen bei weiterer Ausübung seiner Tätigkeit vermutet</li><li>Falls Hinweise auftreten, die aus anderen Gründen Anlass zu Bedenken gegen die weitere Ausführung dieser Tätigkeit geben</li></ul>

1. Rechtliche Grundlagen

Gliederung der Ausbildung gem. BGG 925

Der Hauptverband der gewerblichen Berufsgenossenschaften hat den Inhalt und Umfang der Ausbildung in der **BGG 925 „Grundsätze für Ausbildung und Beauftragung der Fahrer von Flurförderzeugen mit Fahrersitz oder Fahrerstand"** festgelegt.

Die Ausbildung gliedert sich in 3 Stufen:

1. Die allgemeine Ausbildung (Stufe 1)
In der Stufe 1 werden Sie **theoretisch** mit den **Sicherheitsbestimmungen** und dem **Gerät** vertraut gemacht. Im **praktischen** Teil lernen Sie erste **Übungen** mit dem Gabelstapler zu meistern (Aufnahme, Transport, Absetzen und Stapeln von Lasten). Im Regelfall wird die Ausbildung und Prüfung in Theorie und Praxis an Frontgabelstaplern vollzogen.

2. Die Zusatzausbildung (Stufe 2)
In der Stufe 2 werden Sie für spezielle Flurförderzeuge (z.B. Containerstapler, Teleskopstapler etc.) oder für besondere Anbaugeräte in Theorie und Praxis trainiert. Die Prüfung ist Geräte bezogen.

3. Eine betriebliche Ausbildung / jährliche Sicherheitseinweisung (Stufe 3)
In der Stufe 3 werden Sie in die Handhabung betriebsüblicher Flurförderzeuge und Anbaugeräte eingewiesen.

Dazu gehört auch eine Sicherheitseinweisung, die jährlich unter Aufsicht eines Fachkundigen zu wiederholen und zu dokumentieren ist.

Außerdem werden Sie innerhalb der Einweisung einen verhaltensbezogenen Teil durchlaufen. Schwerpunkt dieser Einweisung sind die Belange (Verkehrswege, Fahrverbote) des Unternehmens.

1. Rechtliche Grundlagen

Haben Sie die Ausbildung erfolgreich abgeschlossen, wird ein **Fahrausweis** ausgestellt. Beachten Sie allerdings zwei verschiedene Arten des Fahrausweises:

Der allgemeine Fahrausweis

Dieser Fahrausweis ist elementar für Ihre Tätigkeit, denn er bescheinigt Ihre **Ausbildung** in **einer überbetrieblichen Bildungseinrichtung** und wird von vielen Unternehmen anstandslos anerkannt.

Der betriebsinterne Fahrausweis

Dieser Fahrausweis wird **von Ihrem Unternehmen** ausgestellt und ist bei Verlassen des Betriebes abzugeben.

Der betriebsinterne Fahrausweis kann gleichzeitig die Beauftragung darstellen.

Ansonsten ist der Unternehmer verpflichtet, Sie gesondert **schriftlich** mit der Führung eines Gabelstaplers zu beauftragen.

Beispiel eines Fahrausweises:

1. Rechtliche Grundlagen

!!! Achtung !!!

Achten Sie darauf, dass der Fahrausweis innerbetrieblich und überbetrieblich bestimmte Angaben und ihr Lichtbild beinhaltet:
Pers. Daten (Name, Geburtsdatum), einzelne Bestätigung der drei Ausbildungsstufen und weitere Ausbildungsmaßnahmen im Rahmen Ihrer Tätigkeit.
Darüber hinaus Angaben über den Fahrzeugtyp.

!!! Achtung !!!

1. Rechtliche Grundlagen

1.4 Der verantwortungsvolle Fahrer

Ziel jedes Mitarbeiters im Betrieb muss es sein, ein **hohes Maß an Arbeitssicherheit** einzuhalten, um Arbeitsunfälle zu vermeiden. Jeder Mitarbeiter ist unmittelbar für seinen Arbeitsplatz und für die von ihm benutzten Arbeitsmittel verantwortlich. Es hat jeder Mitarbeiter persönlich in der Hand, ob er sich an Sicherheitsvorschriften hält und mit seinen Geräten verantwortungsvoll umgeht. Deshalb ist jeder Mitarbeiter für die Folgen seiner Tätigkeit verantwortlich. Wird durch sein Handeln ein Schaden verursacht, so haftet er. Hierbei wird nach **drei Handlungsarten** unterschieden:

- fahrlässig,
- grob-fahrlässig und
- vorsätzlich.

Definitionen

Fahrlässig:
Fahrlässig handelt, wer die erforderliche Sorgfalt bei seinem Handeln außer Acht lässt.

Grob-fahrlässig:
Grob-fahrlässig handelt, wer die erforderliche Sorgfalt bei seinem Handeln in ungewöhnlichem Maße außer Acht lässt.

Vorsatz:
Vorsätzlich handelt, wer bewusst gegen ein Gesetz verstößt.

Rechtsfolgen:
Jeder der schuldhaft einen Schaden verursacht, kann für diesen zur Verantwortung gezogen werden.

Verwarnungsgeld:
Bei kleineren Verstößen gegen berufsgenossenschaftliche Regelwerke.

Ausgesprochen durch:	die Berufsgenossenschaft oder das Amt für Arbeitsschutz
Zahlung:	an die Berufsgenossenschaft oder die Staatskasse
Höhe:	bis zu 35 €
Gesetzesgrundlage:	§ 56 OWiG

1. Rechtliche Grundlagen

Bußgeld:

Bei vorsätzlichem oder fahrlässigem Handeln durch Unternehmer, Beauftragte und Versicherte.

Ausgesprochen durch:	die Berufsgenossenschaft oder das Amt für Arbeitsschutz
Zahlung:	an die Berufsgenossenschaft oder die Staatskasse
Höhe:	bis zu 25.000 €
Gesetzesgrundlage:	§ 209 SGB VII (bis zu 10.000 €)
	§ 20 ASiG (bis zu 25.000 €)
	§ 25 ArbSchG (bis zu 25.000 €)
	§ 17 OWiG (bis zu 1.000 €)

Straftat:

Wenn ein Tatbestand nach StGB vorliegt, wie z.B. fahrlässige Tötung oder Körperverletzung.

Ausgesprochen durch:	Straf-/Schwurgericht
Zahlung:	an die Berufsgenossenschaft oder die Staatskasse
Höhe:	bis zu 5 Jahren Freiheitsstrafe oder Geldstrafe
Gesetzesgrundlage:	§ 130 OWiG
	§ 222 StGB

Zivilansprüche (Haftung):

Ansprüche durch den Geschädigten oder Versicherer gegenüber dem Schädiger.

Ausgesprochen durch:	Zivilgerichte
Zahlung:	an die Berufsgenossenschaft oder die Staatskasse bzw. an den Geschädigten
Höhe:	nach BG Aufwand oder gerichtlicher Festsetzung
Gesetzesgrundlage:	§ 110ff SGB VII
	§ 823 BGB

1. Rechtliche Grundlagen

2. Unfallgeschehen

2. Unfallgeschehen

Jedes Jahr geschehen etwa 20.000 Unfälle mit Flurförderzeugen. Diese Unfallrate ist so hoch, dass eine Meldepflicht bei den Berufsgenossenschaften besteht. Bei ca. 600 - 700 Unfällen kommt es jährlich zu Zahlungen von Unfallrenten; ca. 20 Unfälle enden tödlich. Neben Ihrer eigentlichen Tätigkeit muss es immer Ihre Pflicht sein, Unfälle zu vermeiden. Im Wesentlichen wird zwischen den folgenden häufigsten Unfallarten unterschieden:

2.1 Unfallarten beim Betrieb des Gabelstaplers

Anfahrunfälle:

Passieren häufig beim Rangieren oder kurz nach der Inbetriebnahme durch ein nicht umsichtiges Verhalten des Fahrers.

Fahrerunfälle:

Sind Unfälle, die beim Bedienen oder Lenken des Arbeitsgeräts geschehen. Die Hauptursachen sind häufig ein zu hoher Lenkradeinschlag (Kippgefahr), Zusammenstöße mit Einrichtungen oder Gebäuden durch Unachtsamkeit des Fahrers.

2. Unfallgeschehen

Ladegutunfälle:

Beim Arbeiten mit einem Flurförderzeug werden durch die Ladung Personen oder Sachen beschädigt.
Hauptunfallursachen hier:
Anstoßen, Klemmen, Quetschen oder herabfallendes Ladegut.

Lastaufnahmemittelunfälle:

Hier ist die häufigste Unfallursache unsachgemäßes Abstellen des Gabelstaplers oder unsachgemäße Montage von Anbaugeräten.

Aufstiegsunfälle:

Eine der häufigsten Unfälle, die dem Fahrer beim Auf- oder Absteigen passieren.

2. Unfallgeschehen

2.2 Unfallprävention

Die aufgezeigten Unfälle sind ein Risikofaktor bei Ihrer Arbeit. Die **persönliche Schutzausrüstung** trägt dazu bei, die Verletzungsgefahr zu minimieren. Die persönliche Schutzausrüstung ist immer zu benutzen, insbesondere wenn dies vom Arbeitgeber direkt oder auch **per Betriebsanweisung** oder **Beschilderung gefordert** ist.

Die persönliche Schutzausrüstung ist zumeist von der Art der Tätigkeit Ihres Betriebes abhängig.

Auf jeden Fall sollte als **Grundschutz geeignete Arbeitskleidung** verwendet werden.

Zur persönlichen Schutzausrüstung zählen unter anderem:

- Helm
- Arbeits- / Sicherheitshandschuhe
- Arbeits-/ Sicherheitsschuhe (mit Stahlkappe)
- Gehörschutz
- Schutzbrille

2. Unfallgeschehen

- Sie lernen Gefahren frühzeitig zu erkennen und zu vermeiden.
- Sie lernen, sich selbst und Ihr Umfeld zu schützen.
- Sie lernen verantwortungsvollen sicheren Umgang mit Ihrem Gerät.

!!! Achtung !!!

Unfälle schaden jeden, der aktiv und passiv mit ihnen in Berührung kommt.
Sei es ein Kollege, der Stapler, das Unternehmen, dessen Ladegut beschädigt wurde oder Sie selbst.
Vorsicht, Aufmerksamkeit und Sorgfalt müssen bei Ihrer Tätigkeit IMMER ein treuer Begleiter sein.

!!! Achtung !!!

3. Flurförderzeuge, Anbauten, Aufbau, Funktion

3. Flurförderzeuge

Flurförderzeuge gibt es in vielen Variationen und Typen, aber grundlegend ist die Definition nach BGV D27 Flurförderzeuge.

3.1 Definition nach BGV D27 Flurförderzeuge

a) Flurförderzeuge im Sinne dieser Unfallverhütungsvorschrift sind Fördermittel, die ihrer Bauart nach dadurch gekennzeichnet sind, dass sie mit

- Rädern auf Flur laufen und frei lenkbar
- zum Befördern, Ziehen oder Schieben von Lasten eingerichtet
- zur innerbetrieblichen Verwendung bestimmt

sind.

b) Flurförderzeuge mit Hubeinrichtung im Sinne dieser Unfallverhütungsvorschrift sind zusätzlich zu Absatz 1 dadurch gekennzeichnet, dass sie

- zum Heben, Stapeln oder zum "in Regale einlagern" von Lasten eingerichtet sind
- Lasten selbst aufnehmen und absetzen können.

3. Flurförderzeuge, Anbauten, Aufbau, Funktion

3.2 Hauptgruppen der Flurförderzeuge

In der Richtlinie der Flurförderzeuge VDI 3586 sind 7 Hauptgruppen aufgeführt. Mit den Geräten dieser Hauptgruppen werden Sie in Zukunft arbeiten. Hier eine Übersicht über diese Hauptgruppen mit ihren wichtigsten Vertretern.

Hauptgruppen:

Hauptgruppe 1   Handgeräte (Hubwagen)

Hauptgruppe 2   Benzin- und Treibgasgeräte (Treibgas-Gabelstapler)

3. Flurförderzeuge, Anbauten, Aufbau, Funktion

Hauptgruppe 3   Dieselgeräte (Diesel-Gabelstapler)

Hauptgruppe 4   Elektro-Geh-Geräte (elektronischer Niederhubwagen)

Hauptgruppe 5   Elektro-Stand-Geräte (elektronischer Standstapler)

3. Flurförderzeuge, Anbauten, Aufbau, Funktion

Hauptgruppe 6　　　　　Elektro-Fahrersitz-Geräte

Hauptgruppe 7　　　　　Kommissioniergeräte (Elektro-Kommissionier-
　　　　　　　　　　　　　　　　　　　　　　Gabelhochhubwagen)

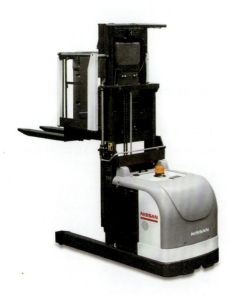

3. Flurförderzeuge, Anbauten, Aufbau, Funktion

3.3 Aufbau des Gabelstaplers

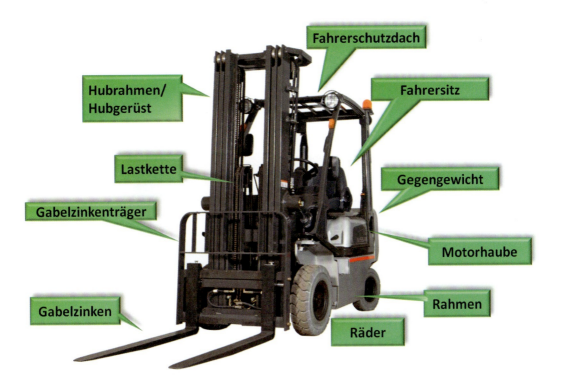

Der Staplerrahmen

Der Staplerrahmen besteht aus dem **tragenden Rahmengestell** aus Profileisen und zur Verkleidung aus Stahlblechen. Am Staplerrahmen sind alle mechanischen, elektrischen und hydraulischen Bauteile auf- oder angebaut.

Das Anfahren an Hindernisse oder ein Zusammenstoß kann zu Verformungen und Rissbildungen führen. Der Stapler muss nach solchen Vorfällen durch Sichtkontrolle auf Beschädigungen überprüft werden. Reparaturen dürfen nur von einem Fachmann durchgeführt werden.

Das Gegengewicht

Das Gegengewicht (Kontergewicht) dient der **Erhöhung der Standsicherheit** des Staplers. Das Gegengewicht darf nicht verändert werden.

3. Flurförderzeuge, Anbauten, Aufbau, Funktion

Das Fahrwerk

Es besteht aus:

den Achsen:
Die **Vorderachse** ist meist die Antriebsachse des Staplers und als Starrachse ausgeführt. Damit ein problemloses Kurvenfahren möglich ist, benötigt sie ein Ausgleichsgetriebe (Differential).

Die **Hinterachse** ist die Lenkachse des Staplers. Dies hat den Vorteil, dass ein geringerer Wendekreis erreicht wird.

der Lenkung:
Beim Stapler werden mechanische Lenkungen mit hydraulischer Unterstützung (Servolenkung) oder rein hydraulische Lenkungen verwendet.

Es kommen **Drehschemellenkungen** und **Achsschenkellenkungen** zum Einsatz. Diese werden im Absatz 3.7 und 5.7 näher erläutert.

der Bereifung:
Wie bei jedem Fahrzeug hängt die Fahrsicherheit von der Bereifung ab, da diese die Kräfte auf die Fahrbahn übertragen. Sie müssen die Gesamtlast des Staplers tragen und wirken gleichzeitig als Federungselement.

Die wichtigsten Anforderungen der Hersteller und Betreiber an Reifen sind:

➡ hohe Tragfähigkeit bei kleinen Abmessungen

➡ geringer Rollwiderstand

➡ große Standsicherheit

➡ guter Fahrkomfort

➡ hohe Laufleistung

Aufgrund der Vielzahl von Flurförderzeug-Bauarten gibt es unterschiedliche Reifenkonstruktionen und Ausführungen:

3. Flurförderzeuge, Anbauten, Aufbau, Funktion

Luftreifen

Luftreifen werden wie bei Straßenfahrzeugen auf Felgen gezogen und mit Luft gefüllt. Die Ausführungsform richtet sich nach der erforderlichen Tragfähigkeit und den vertretbaren Abmessungen.

Die **Vorteile** der Luftbereifung liegen vor allem in der **besseren Federungseigenschaft**. Die **Nachteile** liegen in der **Anfälligkeit** gegenüber **mechanischer Beschädigung** (Schnitte, Risse, Beulen). Die ständige Kontrolle des Luftdruckes ist erforderlich. Der Reifendruck ist laut Betriebsanleitung einzufüllen (ca. 6 – 10 bar).

Falscher Luftdruck erhöht den Reifenverschleiß und mindert die Standfähigkeit des Staplers und erhöht somit die Kippgefahr. Daher müssen Reifen regelmäßig auf Beschädigungen und Luftdruck kontrolliert werden.

Solidreifen

Solidreifen, auch Superelastikreifen genannt, sind Vollreifen, die auf Felgen für Luftreifen montiert werden. Solidreifen sind üblicherweise dreiteilig aufgebaut:

- ein Festigkeitsträger - eine härtere Gummimischung - dient zum festen Sitz auf der Felge und liegt im Reifenfuß eingebettet;
- darüber angeordnet ist ein Kissen größerer Elastizität, welches zum einen die Fahrbahnstöße absorbiert und somit den Fahrkomfort erhöht, zum anderen den Rollwiderstand und damit die Temperaturentwicklung vermindert;
- auf dem Kissen lagert die Lauffläche aus abriebfestem und schnittfestem Gummi.

Die Verwendung setzt befestigte Fahrbahnen ausreichender Tragfähigkeit voraus.

Die **Vorteile** liegen in der **Pannensicherheit** und der **Wartungsfreiheit**. Sie sind besonders geeignet bei Anforderungen an erhöhter Standsicherheit z. B. Verwendung eines Arbeitskorbes.

Vollgummireifen

Vollgummireifen sind Reifen, deren gesamtes Reifenkissen auf einem homogenen, zähharten Elastomer geringer Einfederung und unprofilierter Lauffläche besteht. Die Reifen zeichnen sich aus durch:

- geringe Abmessungen bei hoher Tragfähigkeit
- hohe Standsicherheit
- geringer Rollwiderstand

3. Flurförderzeuge, Anbauten, Aufbau, Funktion

Einfederung und Fahrkomfort sind gering. Somit eignen sich die Reifen für Fahrgeschwindigkeiten bis zu 16 km/h ausschließlich auf befestigten Fahrbahnen ausreichender Tragfähigkeit und ebener Oberfläche.

den Bremsen

Wie jedes Kraftfahrzeug benötigt auch der Stapler zwei voneinander unabhängig wirkende Bremsen (**Betriebsbremse** und **Feststellbremse**).

Die Betriebsbremse ist die Fußbremse und wirkt hydraulisch betätigt auf die Antriebsräder.

Die **Feststellbremse** ist die **Handbremse**. Sie wirkt ebenfalls auf die Antriebsräder und wird mechanisch (Seilzug oder Gestänge) betätigt.

Die Feststellbremse dient zur **Absicherung gegen Wegrollen** bei folgenden Arbeiten:

- Hochheben der Last
- Absetzen der Last
- Abstellen des Staplers
- Einsatz eines Arbeitskorbes

3. Flurförderzeuge, Anbauten, Aufbau, Funktion

Das Hubgerüst

Es besteht aus:

Hubmast

Der Hubmast besteht aus Stahlprofilen, die durch Querträger zu einem tragfähigen Rahmen verbunden werden. Auf Grund der Verstellbarkeit des Hubgerüstes unterscheidet man:

1-fach-simplex 2-fach-duplex 3-fach-triplex

Freihub

Der Freihub ist als Höhenangabe bei Hubgerüsten zu finden. Sie entspricht der **maximalen Hubhöhe**, die ein Lastträger angehoben werden kann, **ohne dass sich die Bauhöhe verändert**. Diese Angabe ist wichtig, um die größte Stapelhöhe in niedrigen Räumen zu ermitteln.

Hubketten

Die Hubketten sind die Übertragungseinheit zwischen Hubzylinder und Gabelträger. Sie dienen also zum **Heben und Senken des Gabelträgers**. Aus Sicherheitsgründen werden bei den meisten Hubgerüsten zwei Hubketten verwendet.

Man unterscheidet zwischen einfachen **Rollenketten** und **Mehrgliederketten** (Flyerketten).

Bei den Ketten ist auf richtige Wartung entsprechend der Betriebsanleitung zu achten. Die maximale Dehnung darf nicht mehr als 3% betragen.

3. Flurförderzeuge, Anbauten, Aufbau, Funktion

Hubhydraulik

Die hydraulische Anlage am Stapler dient vorwiegend zum Bewegen des Hubgerüstes. Die Staplerhydraulik besteht meistens aus zwei Bewegungssystemen:

- der **Hubhydraulik** (Hubzylinder) und
- der **Neigehydraulik** (Neigezylinder)

ggf. kann vorhanden sein:

- hydraulischer Seitenverschub
- hydraulische Gabelverstellung

Die Hubzylinder sind entweder im Sichtbereich des Staplerfahrers oder seitlich am Hubrahmen angebracht.

Gabelträger

Am Gabelträger sind die Gabelzinken oder Anbaugeräte befestigt. Am Gabelträger müssen Einrichtungen vorhanden sein, die ein unbeabsichtigtes seitliches Verschieben der Gabelzinken verhindern.

Lastaufnahmemitteln

Lastaufnahmemittel dienen dazu, sowohl einfache als auch sperrige, unförmige Lasten zu transportieren. Da es unterschiedliche Lasten gibt, gibt es auch unterschiedliche Lastaufnahmemittel.

Gabelzinken

Aufgrund des universellen Einsatzes sind Gabelzinken die gebräuchlichsten Lastaufnahmemittel. Gabelzinken sind auf dem Gabelträger entweder von Hand aus oder hydraulisch verschiebbar angebracht, damit sie der jeweiligen Last angepasst werden können. Die Gabeln müssen gegen seitliches Verschieben abgesichert sein.

3. Flurförderzeuge, Anbauten, Aufbau, Funktion

Lastschutzgitter

Das Lastschutzgitter ist am Gabelträger angebracht und **verhindert** beim Wegfahren bzw. beim **Zurückneigen** des Hubgerüstes ein **Zurückstürzen der Last**, wenn diese über die Gabelträgeroberkante hinausragt.

Hupe

Die Hupe dient zur **Kontaktaufnahme** mit anderen Personen und zur **Warnung** vor Gefahren. Die Hupe muss so laut sein, dass sie im allgemeinen Betriebslärm nicht „untergeht".

Beleuchtung

Bei **unzureichender Sicht** ist die Beleuchtung einzuschalten. Es muss die Breite des Fahrzeuges bzw. des Ladegutes ausgeleuchtet werden.

Zündschlüssel

Gegen **unbefugte Inbetriebnahme** ist der Zündschlüssel abzuziehen und sicher zu verwahren.

3. Flurförderzeuge, Anbauten, Aufbau, Funktion

3.4 Fabrikschild / Typenschild

Im Bereich der Flurförderzeuge gibt es die verschiedensten Hersteller, doch alle müssen am Stapler ein Fabrikschild / Typenschild anbringen.

Pflichtangaben auf dem Typenschild:

- Herstellerangaben
- Typ
- Baujahr
- Nenn-Tragfähigkeit
- Fabriknummer
- Leergewicht
- Konformitätszeichen
- Weitere: Hubwerktyp, Hubhöhe, Bereifung, Batteriegewicht und Batteriespannung

Darüber hinaus können Angaben über den Hubwerktyp, die Hubhöhe und die Bereifung angegeben sein.

Bei elektrisch betriebenen Flurförderzeugen wird das Batteriegewicht und die Batteriespannung angegeben.

Dies sind alles notwendige Informationen die Sie benötigen, um sich auf Ihr Fahrzeug einstellen zu können. Neben dem Flurförderzeug müssen auch **ALLE** Anbaugeräte mit einem Fabrik- bzw. Typenschild ausgestattet sein.

Das **CE**-Zeichen auf dem Typenschild gewährleistet die Sicherheit des Geräts gem. § 3 der 9. ProdSV bei ordnungsgemäßer Installation, Verwendung und Wartung des Geräts.

3. Flurförderzeuge, Anbauten, Aufbau, Funktion

3.5 Fahrerrückhalteeinrichtungen

Zehn bis fünfzehn tödliche Unfälle jährlich geschehen durch Umkippen des Gabelstaplers. Die Ursachen sind in der Regel zu schnelle Kurvenfahrten oder Fahren mit angehobener Last. Häufig werden die Fahrer verletzt oder getötet, weil sie beim Umkippen des Staplers aus dem Sitz geschleudert werden oder beim Versuch des Abspringens vom Fahrerschutzdach erschlagen werden. Durch qualifizierte Ausbildung und regelmäßige Unterweisung des Fahrers, sowie die bestimmungsgemäße Verwendung des Staplers, können solche Unfälle vermieden werden. Seit 1998 sind alle neuen Gabelstapler mit so genannten Fahrerrückhalteeinrichtungen ausgestattet. Geräte, die vor Dezember 1998 gebaut wurden, waren bis zum Dezember 2002 nachzurüsten.

Technische Möglichkeiten:

- **geschlossene Fahrerkabine / Fahrerschutzdach**

Das Fahrerschutzdach ist über dem Fahrersitz angebracht. Es dient dazu, den Fahrer vor herabfallenden Lasten und bei Überrollen oder Kippen zu schützen. Ein Fahrerschutzdach ist dann notwendig, wenn die Möglichkeit besteht, dass Staplerfahrer beim Stapelvorgang durch herabfallende Güter gefährdet werden. Wird der Stapler ausschließlich oder vorwiegend im Freien verwendet, sollte eine geschlossene Fahrerkabine verwendet werden.

- **Rückhalteeinrichtung die bewirkt, dass der Fahrer im Sitz gehalten wird**

Seitliche Rückhalteeinrichtungen, die ein Herausfallen des Fahrers sicher verhindern.

3. Flurförderzeuge, Anbauten, Aufbau, Funktion

➡ **Verwendung von Beckengurten**

Zum Schutz des Fahrers vor unfallbedingten Schäden durch Herausfallen bzw. Stoßverletzungen durch Anschlagen am Rahmen oder der Scheibe.

➡ Einrichtungen, die das Kippen des Staplers verhindern (Fahrstabilisator)

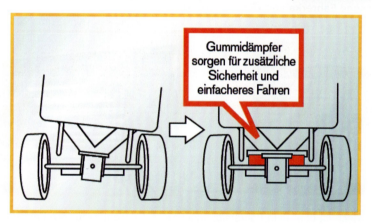

➡ Sensoren in der Lenkung, durch die die Geschwindigkeit bei der Kurvenfahrt verringert wird

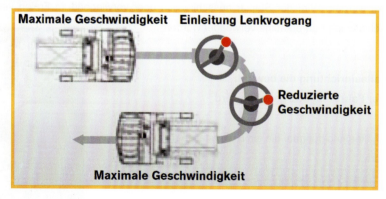

3. Flurförderzeuge, Anbauten, Aufbau, Funktion

> **!!! Achtung !!!**
>
> Die Fahrerrückhalteeinrichtungen wurden entwickelt, um Ihr Leben zu schützen. Überzeugen Sie sich immer von der Funktionsfähigkeit und benutzen Sie diese Einrichtungen.
>
> Fahren Sie
>
> **! NIEMALS !**
>
> mit zu hoher Kurvengeschwindigkeit!
>
> **!!! Achtung !!!**

3. Flurförderzeuge, Anbauten, Aufbau, Funktion

3.6 Betrieb in feuer- und explosionsgefährdeten Bereichen

Im Bereich der chemischen oder mit entzündbaren Stoffen arbeitenden Industrie (z.B. Raffinerien) ist oft der Einsatz des Gabelstaplers in explosionsgefährdeten Bereichen erforderlich. Sie müssen beachten, dass nur feuer- und explosionsgeschützte Gabelstapler zum Einsatz kommen. Für diese Arbeiten verwendet man speziell ausgerüstete Flurförderzeuge. Bei diesen Staplern sind die elektrischen Bauteile besonders isoliert, um ein Eindringen von explosiven Gemischen zu verhindern. Diese Stapler sind mit speziellen Dreikantschrauben ausgerüstet, die nur von einem Fachmann geöffnet werden dürfen. Die Gabeln sind aus Spezialstahl hergestellt und mit einer eigenen Messinglegierung überzogen. Dies soll verhindern, dass elektrostatische Aufladung und somit Schlagfunken entstehen.

Die Stapler erkennen Sie an den Ex-Zeichen:

Finden Sie das Zeichen an Ihrem Stapler, ist er für den Betrieb in diesen besonderen Bereichen geeignet.

3. Flurförderzeuge, Anbauten, Aufbau, Funktion

3.7 Lenkung

Wenn Sie glauben, Stapler fahren sei wie Autofahren, dann irren Sie sich:

Ein Gabelstapler ist kein PKW!!!

Das behalten Sie bitte stets im Hinterkopf. Warum? Ganz einfach:

Die Lenkung bei einem Vier-Rad-Stapler erfolgt über die hintere Achse **(Achsschenkellenkung)**;

bei einem Drei-Rad-Stapler über das Hinterrad **(Drehschemellenkung)**. Diese völlig andere Art der Lenkung unterscheidet den Gabelstapler von allen anderen gängigen Fahrzeugen.

Das bedeutet, dass Sie Gabelstapler mit großer Vorsicht bewegen sollten (siehe auch Kapitel 5.7).

!!! Achtung !!!
Beim Lenken schert der Stapler hinten aus! Beachten Sie, dass in Kurven erhöhte Kippgefahr bei scharfer Lenkung droht. Die Kippgefahr sinkt, sobald Sie eine Last aufnehmen. Trotzdem ist beim Lenken mit größter Sorgfalt vorzugehen!
!!! Achtung !!!

3. Flurförderzeuge, Anbauten, Aufbau, Funktion

3.8 Anbaugeräte

In manchen Betrieben kommt man mit der einfachen Bauweise eines Gabelstaplers (Gabelzinken) nicht aus. Für Lasten mit besonderer Beschaffenheit gibt es spezielle Anbaugeräte, die an Stelle der Gabelzinken befestigt werden können. Durch diese Anbaugeräte wird die Einsatzmöglichkeit erheblich erhöht.

Grundsätzlich lassen sich die Anbaugeräte in zwei Arten unterscheiden:

- **statische Anbaugeräte** (Geräte ohne Eigenbewegung)
- **dynamische Anbaugeräte** (Geräte mit Eigenbewegung)

Einige Beispiele für **statische Anbaugeräte**:

Gabelverlängerung

3. Flurförderzeuge, Anbauten, Aufbau, Funktion

Gabelverlängerung

3. Flurförderzeuge, Anbauten, Aufbau, Funktion

Gabelzinkenverstellungen, hydraulisch

Tragdorne

3. Flurförderzeuge, Anbauten, Aufbau, Funktion

Kranarme

3. Flurförderzeuge, Anbauten, Aufbau, Funktion

Einige Beispiele für **dynamische Anbaugeräte**:

lastschließende Klammern

3. Flurförderzeuge, Anbauten, Aufbau, Funktion

Rohrklammern

Reifenklammern

3. Flurförderzeuge, Anbauten, Aufbau, Funktion

Drehgeräte

4. Antriebsarten

4. Antriebsarten

Angetrieben wird der Gabelstapler entweder durch einen **Elektromotor**, durch einen **Dieselmotor** oder durch einen **Benzin-** oder **Treibgasmotor**.

4.1 Besonderheiten bei elektrisch betriebenen Gabelstaplern

Elektrisch betriebene Stapler nehmen zwar **weniger Last** auf, eignen sich dafür aber für den **Betrieb in geschlossenen Räumen**, da keine Schadstoffe (Abgase) zu Stande kommen und diese Stapler sehr geräuscharm sind. Die **Batterie** eines Elektrostaplers dient neben der **Energieversorgung** auch als **Gegengewicht**. Bei modernen Batteriesätzen wird heute die Bauart der **Panzerplattenbatterie** (Gitter- oder Röhrenplatten) verwendet. Die Nennspannung beträgt 24 V, 36 V, 48 V, 72 V oder 80 V. Diese Batterien haben eine **hohe Stromstärke**, einen **hohen Wirkungsgrad** und sind **wartungsfreundlich**. Zum Einsatz neben den o.a. Säurebatterien kommen **NIFE - Akkus** (Nickel –Eisen – Akkumulatoren), diese sind mit **Kalilauge** gefüllt und haben eine **längere Lebensdauer**. Immer häufiger wird die Lithium-Ionen Technologie für Gabelstapler eingesetzt.

Vorrichtungen zum Antrieb eines Elektro-Gabelstaplers:

Säure-Batterie   **Lithium-Ionen-Batterie**

4. Antriebsarten

Bei Ihrer Tätigkeit mit einem elektrisch betriebenen Stapler müssen Sie insbesondere folgende **Schutzmaßnahmen beim Laden der Batterie** beachten:

- Beachten Sie die Betriebsanleitung des Staplers und des Ladegerätes
- Frühzeitig laden!
- Fällt die Nennkapazität unter 20% kommt es zur Tiefenentladung und die Lebensdauer der Batterie verringert sich
- Vor dem Ladevorgang, Batterie auf äußerliche Schäden prüfen
- Batterie nur an das zugehörige Ladegerät anschließen
- Stapler mit der Ladestation verbinden, dann erst Ladegerät einschalten
- Wegen Kurzschlussgefahr, keine Werkzeuge auf der Batterie ablegen

- Bei Geräten mit "nicht-wartungsfreien-Batterien" Säuredichte mit dem Säureheber prüfen (gem. Betriebsanleitung)
- Vor dem Laden, Flüssigkeitsstand in der Batterie prüfen (Bleiplatten müssen bedeckt sein)
- Wenn nötig, Flüssigkeit auffüllen
  Beachte: Nur destilliertes Wasser benutzen!
- Beim Laden der Batterie für ausreichende Belüftung sorgen.
  Beim Ladevorgang kann Knallgas entstehen
  (Mischung aus Wasserstoff und Luft)
- Im Bereich der Ladestation offenes Licht und Rauchen verboten
- Nach dem Ladevorgang, Batteriepole mit Säure reinigen und einfetten (Säurefreies Fett).
  Überprüfen Sie die Pole auf festen Sitz

4. Antriebsarten

Batterie beim Laden

Ladestation

4. Antriebsarten

4.2 Besonderheiten bei dieselbetriebenen Gabelstaplern

Gabelstapler mit Dieselmotoren sind leistungsfähiger durch den höheren Wirkungsgrad als andere Antriebsarten und daher geeignet für **große Lasten**. Er erreicht eine lange Lebensdauer bei geringerem Wartungsbedarf. Da allerdings mit dem Einsatz eines Dieselstaplers auch der **Ausstoß von Emissionen** (Abgase: CO_2) verbunden ist, ist der Einsatz in geschlossenen Lagerhallen nicht zu empfehlen und präventiv (vorbeugend) durch die UVV (Unfallverhütungs-

vorschrift) sogar verboten. Bei der Betankung von dieselbetriebenen Gabelstaplern achten Sie auf diese Sicherheitspunkte:

- Rauchverbot und Verbot von Feuer und offenem Licht
- Motor abstellen
- Geeigneten Kraftstoff verwenden
- Bei Entnahme aus Fässern oder Kanistern möglichst einen Trichter mit Sieb verwenden
- Übergelaufenen Kraftstoff sofort entfernen
- Tankdeckel verschließen

Die Vorrichtungen eines Dieselstaplers:

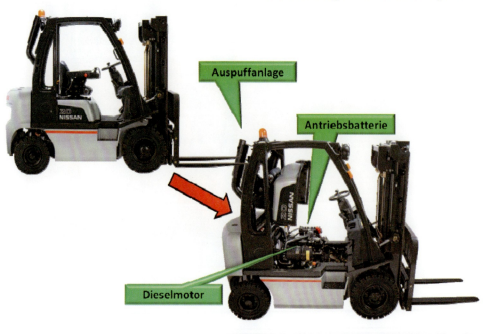

4. Antriebsarten

4.3 Besonderheiten bei benzin- oder gasbetriebenen Gabelstaplern

Neben den elektrisch- und diesel-betriebenen Gabelstaplern wurden in der Vergangenheit benzinbetriebene Motoren als Antrieb verwendet.

In der heutigen Zeit werden diese Motoren durch Gasantriebe (i.a.R. Flüssiggas) ersetzt. Treibgasmotoren sind auch für **große Lasten** geeignet. Da der **Abgasausstoß gering** bleibt, sind diese Fahrzeuge kurzzeitig für gut belüftete Hallen geeignet.

Die Kraftstoffversorgung der Geräte erfolgt durch auswechselbare Druckflaschen oder durch volumetrische Betankung, bei welcher das Gas flüssig aus einem Vorratstank in die Gasflasche des Staplers geleitet wird. Hierbei ist zu beachten, dass Flüssiggas mit Luft vermischt ein brennbares und explosives Gemisch bildet. Da Flüssiggas schwerer als Luft ist, dürfen gasbetriebene Fahrzeuge nicht in Anlagen mit Kellern und offenen Kanälen sowie in Feuerbetrieben eingesetzt werden.

Vorrichtungen eines Treibgasstaplers:

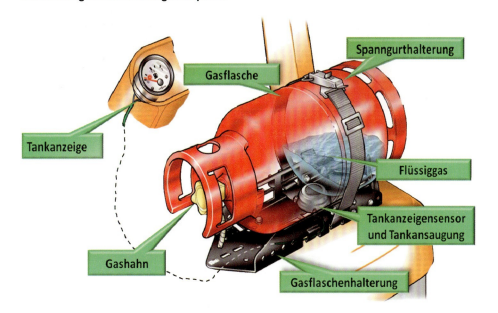

4. Antriebsarten

Vorgehensweise beim Wechsel der Gasflasche:

- Rauchverbot und Verbot von Feuer und offenem Licht beachten
- Gaszufuhr bei laufendem Motor absperren (Motor "stirbt ab")
- Zündung ausschalten
- Rohr-/Schlauchverbindungen lösen (Achtung: Linksgewinde!)
- Bei der neuen Flasche Anschlussstutzen und Gewinde kontrollieren, beim Anschließen auf festen Sitz kontrollieren
- Gaszufuhr langsam öffnen und Dichtheit kontrollieren (Seifenlauge oder Leckspray)
- Bei der Neuinstallation einer Gasflasche ist darauf zu achten, dass der Schlauch beim Anschluss nach unten zeigt. (Tauchrohr, Flüssigkeit wird angesaugt)

5. Standsicherheit

5. Standsicherheit

Unter **Standsicherheit** versteht man die **optimale Ausnutzung der Schwerpunkte** am Gabelstapler. Welche Schwerpunkte es gibt und wie Sie diese zu beachten haben erläutern wir Ihnen in diesem Kapitel.

5.1 Schwerpunkte allgemein

Der **Schwerpunkt** (oder Gleichgewichtspunkt) eines Körpers ist der **Punkt**, in dem man sich die **gesamte Masse eines Körpers vereinigt** vorzustellen hat. Also der Punkt, den man unterstützen muss, wenn man ein gewisses Gleichgewicht halten will.

Der Schwerpunkt ist bei einem gleichförmigen Körper immer in der Mitte.

Um sich den Schwerpunkt bildlich vorzustellen, zeigen wir Ihnen folgendes Beispiel:

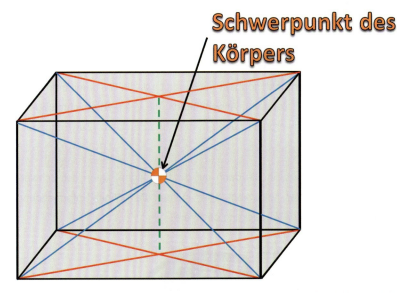

Der zentrale Punkt muss gestützt werden, um das ganze Gewicht des Körpers zu tragen und im Gleichgewicht zu halten.

5. Standsicherheit

5.2 Schwerpunkt des Gabelstaplers

Jeder Gabelstapler hat einen Schwerpunkt.

Im Regelfall liegt dieser unter dem Fahrersitz etwa 50 cm über dem Boden.

5.3 Schwerpunkt der Last

Nicht nur Ihr Arbeitsgerät hat einen Schwerpunkt, sondern auch jede Last, die Sie damit befördern. Stellen Sie sich einmal eine vollbeladene Palette vor. Angenommen, die Ware ist gleichmäßig auf der Palette gepackt, befindet sich der Schwerpunkt genau in der Mitte der Last. (Zur Erinnerung die Grafik aus 5.1).

 Besonderes Augenmerk müssen Sie dann auf die Last legen, wenn der Schwerpunkt der Last nicht in der Mitte liegt. Hier stehen die nötigen Informationen allerdings in der Regel an der Verpackung der Ware.

5. Standsicherheit

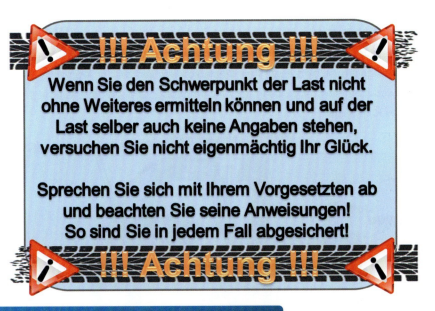

5.4 Der Schwerpunkt verändert sich

Sie wissen nun, dass es einen **Staplerschwerpunkt** und einen **Lastschwerpunkt** gibt. Aus diesen beiden Schwerpunkten ergibt sich ein weiterer, nämlich der **Gesamtschwerpunkt**. Dieser Gesamtschwerpunkt verändert sich, je größer oder kleiner der Lastarm ist. Wo der Gesamtschwerpunkt liegt und was ein Kraft- und Lastarm ist, sehen Sie hier:

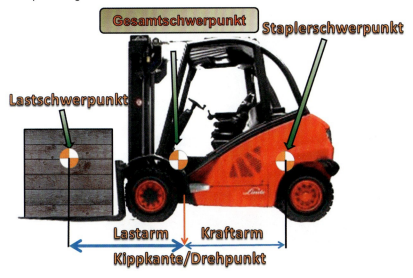

5. Standsicherheit

Der **Gesamtschwerpunkt** liegt **hinter der Vorderachse** des Gabelstaplers, und so sollte es auch immer sein. Liegt der Schwerpunkt **auf der Achse** oder gar **in Fahrtrichtung davor**, droht **Kippgefahr**. Der Lastarm ist also die Länge vom Lastschwerpunkt bis zur Kippkante (Vorderachse). Der Kraftarm hingegen ist die Länge vom Staplerschwerpunkt bis zur Kippkante. Der Gesamtschwerpunkt verändert sich dann, wenn der Lastarm größer wird. Ist der Lastarm größer als der Kraftarm, droht Kippgefahr.

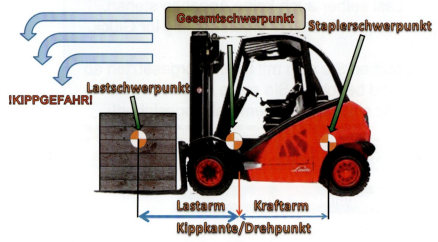

Der Gesamtschwerpunkt verändert sich auch dann, wenn eine Last angehoben wird oder das Hubgerüst nach vorne geneigt wird:

5. Standsicherheit

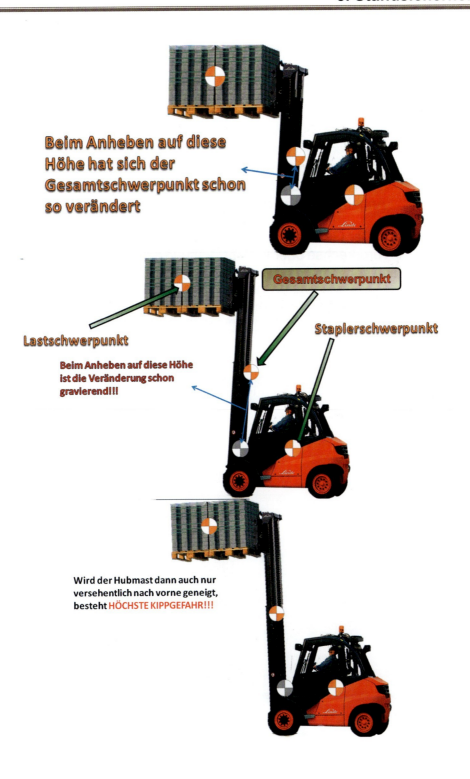

5. Standsicherheit

5.5 Tragfähigkeit des Gabelstaplers

Die **Tragfähigkeit** eines Gabelstaplers wird vom Hersteller angegeben und weist die **maximal zulässige Traglast** eines Gabelstaplers aus.

5. Standsicherheit

Weiterhin wird die Tragfähigkeit vom **Lastarm** beeinflusst. Daraus folgt: Je weiter ein Lastschwerpunkt vom Gabelrücken (**Lastschwerpunktabstand in mm**) entfernt ist, desto geringer die Last, die Sie auf die maximale Höhe heben dürfen.

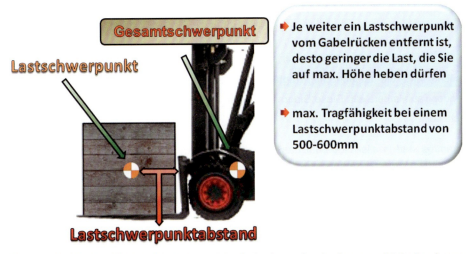

Die **maximale Tragfähigkeit** wird erreicht bei einem **Lastschwerpunktabstand von 500 - 600 mm**. Wie hoch die Last sein darf, hängt vom Lastschwerpunktabstand und von der geforderten Hubhöhe ab.

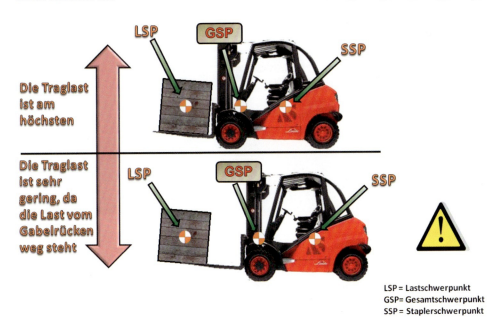

LSP = Lastschwerpunkt
GSP = Gesamtschwerpunkt
SSP = Staplerschwerpunkt

5. Standsicherheit

5.6 Traglastdiagramme

Die Hersteller sind verpflichtet, an ihren Flurförderzeugen (Gabelstapler) die Tragfähigkeit anzugeben (gem. VDI 2198). Auf dem Fabrikschild (Typenschild) ist **die Nenntragfähigkeit** abzulesen. Die Nenntragfähigkeit bezieht sich auf einen Lastschwerpunktabstand von 500 mm und der maximalen Höhe.

Abweichend von der Nenntragfähigkeit ist die **tatsächliche Tragfähigkeit**. Durch Standsicherheitsversuche wird die tatsächliche Tragfähigkeit festgestellt und dadurch Tragfähigkeitsdiagramme oder Tabellen erstellt. Diese Diagramme oder Tabellen müssen sichtbar am Gabelstapler angebracht sein.

Die Diagramme sind in aller Regel für das Heben mit den zwei Original-Gabelzinken ausgelegt. Gabelverlängerungen und Anbaugeräte ändern die Tragfähigkeitsverhältnisse und müssen daher unbedingt berücksichtigt werden. Hier sind unbedingt die Bedienungsanleitungen der Anbaugeräte zu Rate zu ziehen.

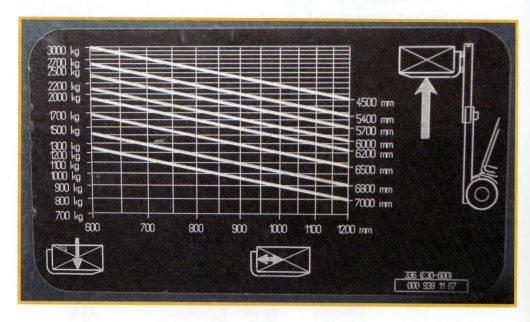

5. Standsicherheit

Der Blick auf das Diagramm muss Ihnen folgende Fragen beantworten können:

Zwei Beispiele, wie ein Traglastdiagramm aussehen kann:

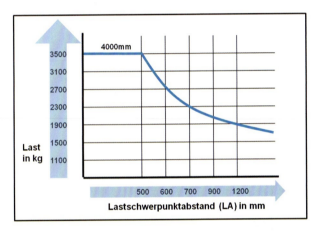

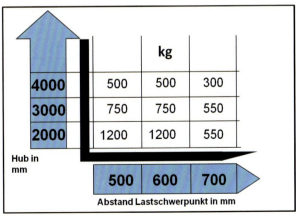

5. Standsicherheit

Anwendungsbeispiele:

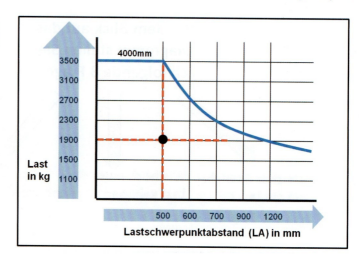

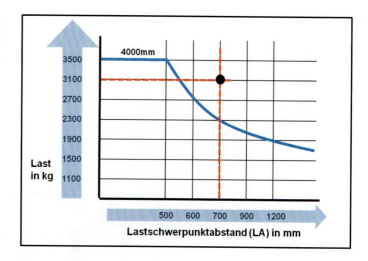

5. Standsicherheit

Last: 550 kg

LA: 700 mm

Höhe: 3m

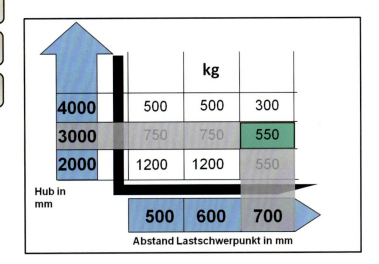

Last: 750 kg

LA: 600 mm

Höhe: 4m

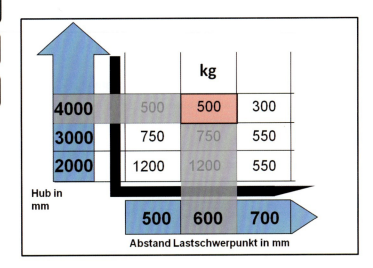

5. Standsicherheit

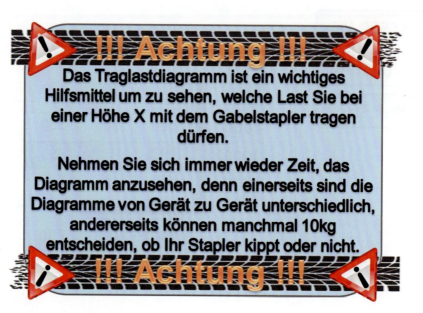

5.7 Kurvenfahrten

Kurvenfahrten stellen das größte Risiko bei der Arbeit mit einem Gabelstapler dar. Im Regelfall passieren **Kippunfälle** immer dann, wenn sich der Staplerfahrer überschätzt und zu schnell in eine Kurve fährt. Moderne Gabelstapler sind mit **Sicherheitssystemen**, wie zum Beispiel **Lenksensoren** oder **Stabilisatoren** ausgestattet. Lenksensoren messen den Lenkeinschlag und reduzieren die Geschwindigkeit. Stabilisatoren verhindern eine überstarke Neigung des Gabelstaplers zur Seite. Verlassen Sie sich aber nie ausschließlich auf Ihr Gerät, sondern in erster Linie auf Ihre Fähigkeiten als ausgebildeter Gabelstaplerfahrer.

Sie müssen wissen, dass der Gabelstapler nicht wie ein normaler Pkw gelenkt wird. Die Lenkung des Staplers erfolgt über die Hinterachse. Bei **Dreiradstaplern** spricht man von **Drehschemellenkung**, bei **Vierradstaplern** von der **Achsschenkellenkung**. Beide Lenkungen habe eines gemeinsam: Sie vermindern die Standsicherheit dadurch, dass der "Angriffspunkt" der Lenkung jeweils in der Mitte der Hinterachse liegt. Dadurch ensteht das so genannte Standsicherheitsdreieck oder auch Kippkantendreieck, was folgende Grafik für beide Arten der Lenkung zeigt.

5. Standsicherheit

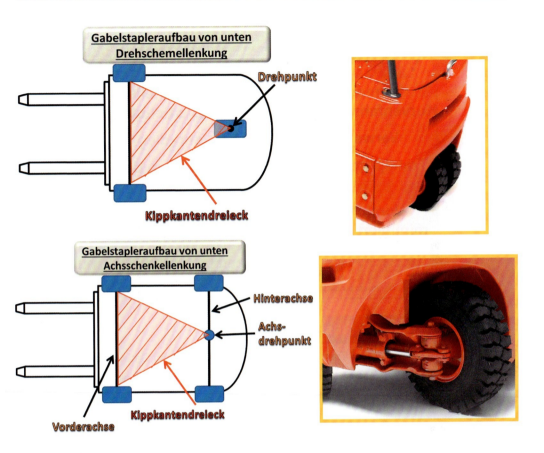

Ein Gabelstapler mit Last kann weniger schnell kippen, als ein Gabelstapler ohne Last, da sich der Gesamtschwerpunkt des Staplers in Fahrrichtung nach vorne verschiebt.

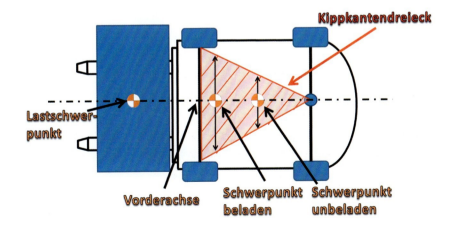

5. Standsicherheit

!!! Achtung !!!

Vermeiden Sie auf jeden Fall schnelle Kurvenfahrten und fahren Sie stets behutsam.

Verwenden Sie große Kurvenradien.

Transportieren Sie Ihre Last IMMER in tiefst möglicher Stellung.

Vorsicht ist besser als Nachsicht und minimiert die Unfall- und Verletzungsgefahr enorm!

!!! Achtung !!!

5.8 Transport von Flüssigkeiten

Ein hohes Risiko stellt auch der Transport von Flüssigkeiten mit einem Gabelstapler dar. Die Gefäße, in denen die Flüssigkeiten lagern, sind nie ganz gefüllt und haben so einen gewissen Spielraum, der bei Erschütterung ausgenutzt wird. Der Spielraum der Flüssigkeit könnte allerdings Ihr Unfallrisiko sein. Das heißt, Sie müssen noch behutsamer fahren und erst recht scharfe Kurven vermeiden, um die Fliehkraft, die auf den Gabelstapler und die sich bewegende Last wirkt, so gering wie möglich zu halten.

Bei Kurvenfahrten verlagert sich der Schwerpunkt nach außen und bei starkem Abbremsen verlagert sich der Schwerpunkt nach vorne.

5. Standsicherheit

5.9 Weitere Faktoren, die die Standsicherheit beeinträchtigen können

Unebenheiten in der Fahrbahn, z.B. durch das Befahren von unbefestigtem Gelände.

Gleise oder **schiefe Ebenen** verursachen eine Verschiebung des Gesamtschwerpunktes und können dadurch den Gabelstapler zum Kippen bringen.
Auch die Wahl der **Bereifung** kann die Fahreigenschaften des Gabelstaplers verändern. Bei Superelastik-, Vollgummi- oder Luftreifen reagiert der gleiche Stapler oft unterschiedlich.

Anfahren oder **Bremsen auf schiefen Ebenen** führt zu einer Schwerpunktverlagerung.

Deshalb ist Wenden auf schiefen Ebenen verboten!

5. Standsicherheit

5.10 Verhalten beim Kippen eines Gabelstaplers

Trotz aller Vorsichts- und Sicherheitsmaßnahmen kann es passieren, dass der Gabelstapler kippt. Die angesprochenen Schutzmaßnahmen (Rückhaltesysteme, Fahrerschutzdach) bieten erste Vorkehrungen gegen erhebliche Verletzungen.

Eines dürfen Sie nie vergessen: Wenn Sie merken, dass Ihr Gabelstapler kippt, springen Sie **NIEMALS** aus dem Gabelstapler heraus. Sie müssten gegen die Fallrichtung des Staplers springen, und das können Sie nicht schaffen. Unterlassen Sie in jedem Fall den Sprungversuch, wenn Sie nicht vom Dach des Gabelstaplers erschlagen werden möchten, wie das in einigen Fällen schon vorgekommen ist.

6. Betrieb allgemein

6. Betrieb allgemein

Das Führen eines Gabelstaplers setzt voraus, dass Sie mit dessen Bedienung und allen Vorrichtungen Ihres Geräts vertraut sind. Was Sie vor und nach dem Betrieb des Gabelstaplers beachten müssen, finden Sie in diesem Kapitel.

6.1 Betriebsanleitung

Wie bei jedem technischen Arbeitsgerät liegt auch beim Gabelstapler eine Betriebsanleitung vor, an die Sie sich in jedem Falle halten müssen. Alle Angaben neben den rechtlichen Vorschriften, die vom Gesetzgeber vorgeschrieben werden, sind für Sie bindend und gewährleisten bei Beachtung sicheres Fahren. Grundsätzlich gilt, dass Sie den Gabelstapler **NUR** sitzend im Fahrerhaus steuern und bedienen dürfen. Weiterhin beachten Sie, dass der Hersteller mit der Bedienungsanleitung immer festlegt, wie Sie den Gabelstapler nutzen können (welche Anbaugeräte, Höhe der Traglast, Lastart etc.).

Aus der Geräteanleitung geht auch die Tragfähigkeit des Gabelstaplers hervor. Überschreiten Sie diese Angabe niemals!!! Andernfalls befinden Sie sich in erhöhter Unfallgefahr.

6. Betrieb allgemein

6.2 Betriebsanweisung des Unternehmers

Sobald Sie in einem Unternehmen einen Gabelstapler fahren, müssen Sie mit den Betriebsanweisungen vertraut sein. Jeder Unternehmer, der Gabelstapler einsetzt, ist gem. BGV D27, § 5 verpflichtet, **Betriebsanweisungen für den Betrieb von Gabelstaplern**

- schriftlich,
- in verständlicher Form und Sprache,
- an geeigneter Stelle

im Betrieb auszuhängen. **Der Arbeitnehmer hat die Betriebsanweisung zu beachten.**

Über folgende Dinge werden Sie in der Betriebsanweisung auf jeden Fall informiert:

- Nutzbare Verkehrswege auf dem Unternehmensgelände
- Richtlinien zum Stapeln von Gütern
- Auswechseln und Laden von Batterien bei E-Staplern
- Auswechseln der Gasflasche bei gasbetriebenen Fahrzeugen

Weitere Punkte können natürlich hinzukommen, wenn Notwendigkeit dafür besteht. Zum Beispiel bei Benutzung von Anbaugeräten oder bei Benutzung von Anhängern oder aber auch bei Fahrten auf Straßen des öffentlichen Straßenverkehrs.

Die Betriebsanweisung sollte immer so formuliert sein, dass Sie diese ohne Weiteres verstehen können. Andernfalls kontaktieren Sie sofort Ihren Vorgesetzen, um Unklarheiten sofort auszuräumen.

Beispiele von Betriebsanweisungen finden Sie im Anhang des Buches.

6.3 Schriftlicher Fahrauftrag

Neben den in Kapitel 1 genannten Voraussetzungen zum Führen eines Gabelstaplers, müssen Sie **vom Unternehmen** mit der Führung eines Gabelstaplers **beauftragt** worden sein. Diese Beauftragung kann Bestandteil Ihres Arbeitsvertrages sein oder sie kann **formlos, aber schriftlich** erteilt werden. Viele Ausweisformulare enthalten die Möglichkeit, dort Fahraufträge einzutragen.

Beispiele von Fahraufträgen finden Sie im Anhang des Buches.

6. Betrieb allgemein

6.4 Abstellen des Gabelstaplers

Nachdem Sie mit dem Gabelstapler entsprechende Arbeiten durchgeführt haben, ist der Gabelstapler ordnungsgemäß abzustellen. Hierzu gehört ein Ablauf, der Ihnen in "Fleisch und Blut" übergehen muss, da er wie viele andere Informationen hier, sicherheitsrelevant ist.

Achten Sie darauf, dass Sie beim **Abstellen** des Gabelstaplers **niemals Fluchtwege, Ein- und Ausgänge, Feuerlöscheinrichtungen oder jede Art von Verkehrswegen behindern**. Weiterhin **meiden** Sie das **Abstellen** des Gabelstaplers **auf schiefen Ebenen**.

Häufiger kommt es vor, dass Sie den Gabelstapler **kurz verlassen** müssen. In diesem Fall müssen Sie die

- **Last absenken**,
- **den Fahrtrichtungswähler auf "Neutral" stellen** und
- **die Handbremse betätigen**.

Das setzt allerdings voraus, dass Sie sich in unmittelbarer Nähe zum Gabelstapler befinden.

Sie dürfen den Stapler nie von außen bedienen.

6. Betrieb allgemein

Wird der Gabelstapler längerfristig abgestellt, gilt folgende Reihenfolge:

1. Handbremse anziehen
2. Gabelzinken in die tiefst mögliche Stellung bringen
3. Hubmast nach vorne neigen, bis die Gabelzinkenspitzen den Boden berühren
4. Motor abstellen
5. Zündschlüssel abziehen und sicher aufbewahren
6. bei E- Staplern "Notaus" betätigen, bei Treibgas-Staplern Gas abstellen

6. Betrieb allgemein

6.5 Gefahren beim Betrieb des Gabelstaplers

Da bei dem Betrieb eines Gabelstaplers ständig Gefahrenquellen auftauchen, zeigen wir Ihnen, um welche Gefahrenquellen es sich handelt und wie Sie diesen potentiellen Unfallquellen aus dem Weg gehen können.

Sie dürfen !NIEMALS! Personen auf dem Gabelstapler mitnehmen. Der Gabelstapler ist ein Lasttraggerät! Kein Gerät zur Personenbeförderung!

Behalten Sie Ihre Umgebung IMMER im Auge und drosseln Sie Ihre Fahrtgeschwindigkeit entsprechend der Bodenbeschaffenheit. Vorausschauendes Fahren ist das A&O.

6. Betrieb allgemein

Der Blick sollte immer in Fahrtrichtung ausgerichtet sein! Das heißt: Wenn Sie vorwärts fahren, schauen Sie nach vorne. Wenn Sie rückwärtsfahren, schauen Sie nach hinten!

Beim Transport von Lasten auf schiefen Ebenen fahren Sie immer so, dass die Last bergseitig zeigt. So beugen Sie Kippunfällen vor.

6. Betrieb allgemein

Unter keinen Umständen, darf eine Person unter einer angehobenen Last stehen. Bei Schäden in der Hydraulik (Hubsystem) des Staplers wird diese Person bei Herabstürzen der Last auf jeden Fall schwer oder tödlich verletzt!

Denken Sie immer daran:
Fahren Sie zügig aber sicherheitsbewusst.
Nur dann führen Sie Ihre Arbeit gewissenhaft und gut aus.

6. Betrieb allgemein

7. Prüfungen

In diesem Kapitel erfahren Sie mehr über Prüfungen an Gabelstaplern. Wir unterscheiden zwei Prüfungsarten.

1. Die Sicht- und Funktionsprüfung

wird täglich vom Bediener durchgeführt

2. Die wiederkehrenden Prüfungen
gem. BGV D27, §37

werden jährlich von einem Sachkundigen durchgeführt

7. Prüfungen

7.1 Sicht- und Funktionsprüfung

Damit Sie einen reibungslosen Ablauf Ihrer Tätigkeit als Gabelstaplerfahrer gewährleisten können, müssen Sie Ihr **Gerät vor Fahrtantritt kontrollieren**. Wenn Sie wissen, worauf Sie achten müssen, dauert dieser Vorgang nur wenige Minuten und ist schnell abgeschlossen. Die Alternative wäre erhöhtes Verletzungsrisiko durch eventuell schadhafte Teile. Auch wenn die Kontrolle schon durch einen anderen Fahrer erledigt worden ist, sollten Sie sich aber trotzdem ein wenig Zeit nehmen, um die Kontrolle durchzuführen, denn Sie kennen ja das Sprichwort: "Vertrauen ist gut, Kontrolle ist besser".

Bei der Sichtprüfung sollen äußerlich erkennbare Schäden aufgedeckt werden, also Schäden, welche Sie mit bloßem Auge erkennen können.

Zur **Sichtprüfung** gehört:

- **Ein Rundgang komplett um den Stapler herum**
- **Eine Sichtkontrolle des Motorraums**
- **Eine Sichtkontrolle aus dem Fahrersitz heraus**
- **Eine Prüfung der Mobilität**

Jegliche Unregelmäßigkeiten, die Ihnen auffallen, sind Ihrem Vorgesetzten oder einem anderen verantwortlichen Sachkundigen zu melden.

Im Anhang dieses Buches finden Sie eine Checkliste mit der diese Kontrollen zuverlässig und effektiv durchführbar sind.

Bei aufgefallenen Schäden darf der Stapler so lange nicht bewegt werden, wie der Schaden noch vorhanden ist.

7. Prüfungen

Auf Folgendes müssen Sie bei einem **Rundgang** besonders achten:

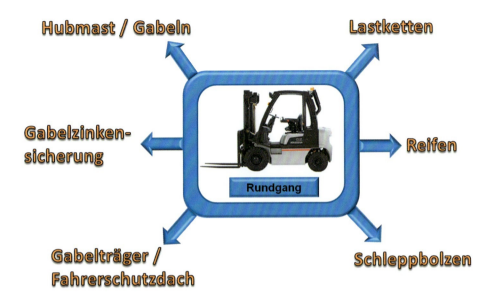

Gabelzinken
- Prüfung auf Brüche, Risse Verbiegung und Verschleiß.

Gabelzinkensicherung
- Prüfen, ob die Sicherung aktiv ist und die Zinken sich nicht verschieben lassen.

Gabelträger
- Auf Beschädigungen und richtige Funktion prüfen.

Hubmast
- Rohrleitungen und Zylinder auf austretende Flüssigkeit kontrollieren.

Lastketten
- Prüfung auf Risse, defekte Glieder und die Spannung der Kette kontrollieren.

Reifen
- Prüfen des Reifendrucks, der Muttern und Schrauben auf Festigkeit und Verschleiß, Reifenprofil.

Fahrerschutzdach
- Auf erkennbare Schäden prüfen.

Schleppbolzen
- Muss soweit eingeschoben sein, dass der Bolzen zum Teil auf dem Gegengewicht liegt.

7. Prüfungen

Nach dem Rundgang erfolgt die Prüfung des **Motorinnenraums**:

Grundsätzlich: Schauen Sie sich den Innenraum genau an und achten Sie auf Schäden aller Art, die die Leistung des Staplers heruntersetzt und das Gefahrenrisiko erhöht.

Die Prüfung des Innenraums und die Methoden der Prüfung (z.B. für Flüssigkeiten) stehen i.d.R. in der Bedienungsanleitung des Gabelstaplers.

Keilriemen d. Lüfters
- Prüfen Sie den Keilriemen auf Biegsamkeit, in dem Sie mit dem Daumen gegen die Mitte des Riemens drücken. Die Biegung des Riemens sollte zwischen 12-14mm betragen.

Wasserabscheider
- Kontrollieren Sie diesen und lassen Sie ggf. Wasser aus dem Kraftstofffilter.

Wärmetauscher
- Prüfen Sie diesen auf Reinheit. Wenn dreckig, dann mit Druckluft säubern.

Flüssigkeiten
- Überprüfen Sie folgende Flüssigkeitsstände und ob sie ausreichend vorhanden sind: Motoröl, Säurestand, Automatikgetriebeflüssigkeit, Hydrauliköl und Bremsflüssigkeit.

Verdampfer
- Da sich hier Teer sammelt, der bei Verdampfen entsteht, müssen Sie diesen Teer mind. einmal im Monat ablassen.

Kraftstoffleitung
- Prüfen Sie die Leitungen auf Lecks. Bei Treibgasstaplern zusätzlich die Rohrverbindungen prüfen.

7. Prüfungen

Zu guter Letzt ist es Ihre tägliche Aufgabe, die **Fahrerkabine** und die **Mobilität** Ihres Gerätes zu prüfen:

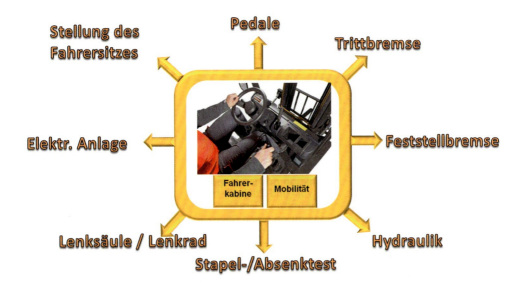

Hydraulik
- Testen Sie die Funktion aller möglichen Bewegungstypen der Gabel und des Hubmastes auf einwandfreie Funktion.

Stapel- /Absenktest
- Nehmen Sie eine leichte Last auf, heben diese auf max. Höhe des Hubmastes an und senken dann mit max. Geschwindigkeit die Last ab. Stoppen Sie den Absenkvorgang zwischendurch, um zu testen, ob die Last an Ort und Stelle verbleibt.

Lenksäule / Lenkrad
- Stellen Sie die für Sie optimale Position des Lenkrads ein (durch Ziehen der Verriegelungseinrichtung). Drehen Sie das Lenkrad nach rechts/links und beobachten Sie am Stapler den Lenkspielraum. Höchstens 10mm. Wenn größer, dann durch Sachkundigen korrigieren lassen.

Elektroanlage
- Kontrollieren Sie Hupe, Scheinwerfer und Kontrollleuchten auf ihre Funktion.

7. Prüfungen

Stellung des Fahrersitzes
- Achten Sie auf die Einstellung Ihres Fahrersitzes und überprüfen Sie diese jeden Tag vor Fahrtantritt aufs Neue. Stellen Sie ihn so ein, dass Sie gerade aber nicht verkrampft sitzen.

Pedale
- Prüfen Sie die Gummibeläge auf den Pedalen auf Abnutzung. Säubern Sie diese ggf. um Abrutschen zu vermeiden.

Trittbremse
- Testen Sie zunächst die Funktion des Bremspedals und anschließend die Trittbremse bei langsamen Vor- und Zurückfahren. Achten Sie auf den Pedalspielraum (1-3mm sind normal). Erscheint Ihnen das Pedalspiel zu hoch, lassen Sie die Bremse durch einen Sachkundigen überprüfen.

Feststellbremse
- Diese schützt vor Wegrollen des Staplers. Testen Sie vor Fahrtantritt die Funktion der Bremse durch feststellen und lösen.

7. Prüfungen

7.2 Regelmäßige Prüfung durch Sachkundige

Nicht nur Sie selber, in Ihrer Verantwortung als ausgebildeter Gabelstaplerfahrer, sind dazu verpflichtet, eine tägliche Abfahrtskontrolle durchzuführen. Gemäß § 37 der BGV D27 hat der **Unternehmer dafür zu sorgen**, dass Flurförderzeuge, ihre Anbaugeräte sowie die nach dieser Unfallverhütungsvorschrift für den Betrieb von Flurförderzeugen in Schmalgängen erforderlichen Sicherheitseinrichtungen **in Abständen von längstens einem Jahr durch einen Sachkundigen geprüft werden**.

Bei einem Sachkundigen handelt es sich um jemanden, der darin ausgebildet und erfahren ist, den technischen Zustand eines Gabelstaplers festzustellen und zu überprüfen. Fachkundige finden sich im Bereich des eigenen Unternehmens (qualifizierte Meister), der Gabelstaplerherstellung (Linde, Nissan, Yale, etc.) oder auch in Prüf- und Ausbildungsorganisationen (**T**echnischer **Ü**berwachungs-**V**erein, **DEKRA** etc.)

Der Paragraph 39 der BGV D27 schreibt vor, welche Daten nachweislich über den Gabelstapler geführt werden müssen:

- **Prüfdatum und Umfang sowie evtl. weitere Prüfungen**
- **Prüfergebnis mit Feststellung technischer Fehler und Gutachten für einen fortlaufenden Betrieb**
- **Termine und weitere Angaben für notwendige Nachprüfungen**
- **Persönliche Daten des Prüfers und/oder der prüfenden Organisation (Name, Adresse)**

7. Prüfungen

7.3 Die Prüfplakette

Nach Abschluss einer Prüfung durch einen Sachkundigen und unter der Voraussetzung, dass die Prüfung bestanden wurde, wird eine Prüfplakette erstellt, die für alle Mitarbeiter gut sichtbar am Gabelstapler anzubringen ist. Gleichzeitig erinnert diese Prüfplakette genau wie bei jedem PKW an den Termin der nächsten Prüfung.

Die Prüfplakette kann an diesen Stellen zu finden sein! Hauptsache ist aber, dass Sie für jedermann gut sichtbar am Gabelstapler angebracht ist.

8. Umgang mit der Last

8. Umgang mit der Last

Natürlich besteht die Hauptaufgabe eines Gabelstaplers und Ihrer Tätigkeit darin, Last von "A nach B" zu transportieren, auf geforderte Höhen zu heben und ein- bzw. auszulagern. Hierbei gibt es bei Ihrem täglichen Umgang mit der Last einige Besonderheiten, die Sie kennen und beachten müssen, um einem Unfallrisiko aus dem Wege zu gehen.

8.1 Die Lastaufnahme

Stapler vor der Lastaufnahme

Eine ganze Reihe von Kontrollen werden von Ihnen im Rahmen Ihrer Tätigkeit im Zusammenhang mit der Lastaufnahme gefordert. Am Anfang ist es empfehlenswert, diese Kontrollen bei einer Lastaufnahme gedanklich durchzugehen. Aber keine Sorge, mit der Zeit werden Ihnen diese Kontrollen in Fleisch und Blut übergehen.

Auf diese wichtigen Punkte haben Sie vor Aufnahme der Last zu achten:

- Masse (Gewicht) der Last
- Tragfähigkeit des Gabelstaplers
- Kann die Last überhaupt mit der Staplergabel aufgenommen werden?
- Sicherheit verwendeter Lastaufnahmemittel
- Prüfen Sie, ob die Last zum Stapeln geeignet ist (falls nicht, steht eine entsprechende Information an der Last)
- Ermitteln Sie den Lastschwerpunkt: Länge der Last / 2

8. Umgang mit der Last

Wenn Sie diese kleine Checkliste abgearbeitet haben und sich somit sicher sind, dass Sie die Last aufnehmen können, überprüfen Sie zuletzt die **Ausrichtung der Gabelzinken**. Diese müssen immer **auf die entsprechende Last eingestellt** sein. Wenn Sie den Gabelstapler dahingehend überprüft haben, dass Sie eine Last aufnehmen könnten, muss nun die Last selber überprüft werden. Da Sie zum Zeitpunkt der Aufnahme für die **Last** verantwortlich sind, prüfen

Sie diese vorher auf **sichtbare Defekte**. Kontrollieren Sie, ob die Last palettiert ist. Bei der **Verwendung von Paletten** ist Folgendes zu beachten:

- Palette nicht einseitig beladen
- Last gleichmäßig verteilen, Schwerpunkt möglichst in der Mitte
- Bei Verwendung von Stahlbändern oder Zurrgurten darauf achten, dass keine Holzleisten beschädigt werden
- Beschädigte Paletten, wenn möglich, reparieren
- Defekte Paletten sofort aussondern
- Nur geeignete Lastaufnahmemittel verwenden

Bei **unpalettierter Ware** ist allerdings noch mehr Vorsicht geboten. Wenn Sie auch hier die Ware überprüft haben, steht einer Aufnahme der Last nichts mehr im Wege. Beachten Sie nur, dass die Last so weit wie möglich am Gabelrücken anliegt, so dass höchste Standsicherheit gewährleistet ist (siehe Kap. 5.5).

8. Umgang mit der Last

Grundsätzliches Vorgehen bei der Lastaufnahme (eine Etage)

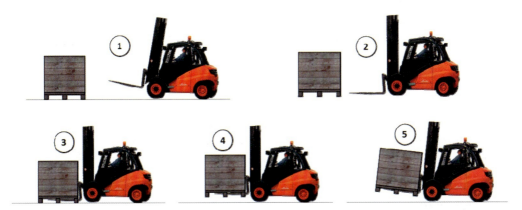

(1) mit zurückgeneigtem und abgesenktem Hubgerüst zur Last fahren,

(2) Hubgerüst senkrecht stellen,

(3) so weit wie möglich zur Last fahren,

(4) Last hochheben,

(5) Last zurückneigen.

Richtiger Transport:

- Die Unterkante der Palette soll ca. 10 – 20 cm über dem Boden sein.
- Immer mit abgesenktem und zurückgeneigtem Hubgerüst fahren.

8. Umgang mit der Last

Grundsätzliches Vorgehen bei der Lastaufnahme (mehrere Etagen)

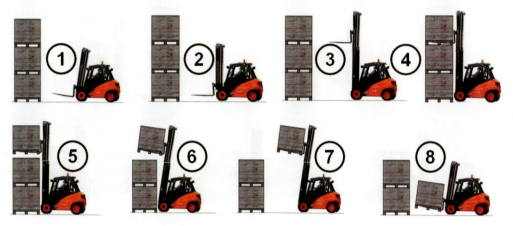

(1) mit zurückgeneigtem und abgesenktem Hubgerüst zur Last fahren,

(2) Hubgerüst in Senkrechtstellung bringen,

(3) Hubgerüst in die entsprechende Höhe bringen,

(4) Einfahren der Gabelzinken (Die Last soll möglichst nahe am Gabelrücken aufgenommen werden, es ist allerdings auf durchragende Gabelspitzen zu achten!),

(5) Vor dem Hochheben Fahrzeug einbremsen, Last leicht anheben (Auf Raumhöhe achten),

(6) Hubgerüst zurückneigen (Auf lose Teile achten),

(7) Bremse lösen, Blick nach hinten und zurückfahren (Auf Personen in der Umgebung des Staplers achten),

(8) Last absenken und in Transportstellung bringen (ca. 10 - 20 cm über der Fahrbahn).

Grundsätzlich soll die Last so aufgenommen werden, dass der Schwerpunkt so nahe wie möglich beim Gabelrücken liegt. Bei ausreichender Tragfähigkeit kann die Last auch so aufgenommen werden, dass sie vorne mit den Gabelspitzen abschneidet.

Dies ist vor allem bei LKW- oder Waggonbeladungen oder bei Hochregalen notwendig (durchragende Gabelspitzen!).

Hierbei ist aber zu beachten, dass sich der Schwerpunktsabstand verlängert – im Lastendiagramm berücksichtigen!

8. Umgang mit der Last

Fehler bei der Lastaufnahme

Gabeln zurück geneigt:

▶ Schäden an den Deckbrettern der Palette oder an der Unterseite der Last

Gabeln nach vorne geneigt:

▶ Schäden an der dem Stapler zugewandten Seite der Last

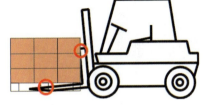

Gabeln zu lang:

▶ Paletten hinter der aufgenommenen Last werden beschädigt

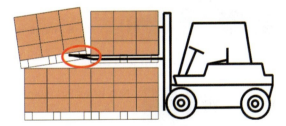

Gabeln zu kurz:

▶ Last rutscht ab

8. Umgang mit der Last

Grundsätzliche Sicherheitsvorkehrungen

Bei allen Arbeitsvorgängen müssen Sie grundsätzliche Sicherheitsvorkehrungen berücksichtigen:

- die Stabilität und Eignung der Unterlage,
- die Standfestigkeit der Lagerung selbst,
- die Standfestigkeit der für die Lagerung verwendeten Einrichtungen,
- die Beschaffenheit der Gebinde oder Verpackungen (insbesondere bei Gasflaschen und Gefahrgütern),
- den Böschungswinkel von Schüttgütern,
- den Abstand der Lagerungen zueinander oder zu Bauteilen oder Arbeitsmitteln,
- mögliche äußere Einwirkungen.

Tragfähigkeit von Regalen und Böden

Nun ist es Ihre Aufgabe, diese Last auf eine Höhe von 2,20 m in ein Regal zu heben. Nach Kapitel 5 beachten Sie dabei zunächst die **Veränderung der Schwerpunkte und des Lastschwerpunkts.**

Hinzu kommt die **Tragfähigkeit der Regalsysteme (Feldlast)**. Diese ist von Regal zu Regal unterschiedlich, aber die benötigten Informationen können Sie bei jedem größeren Regal auf einem Schild nachlesen.

Auch Böden sind nicht immer so fest, wie sie aussehen. Insbesondere beim Befahren von unterkellerten Böden ist besondere Aufmerksamkeit der Bodenbelastbarkeit zu widmen.

8. Umgang mit der Last

8.2 Der Lastentransport

- Transportstellung ca. 10 - 20 cm über dem Boden.

- Last immer mit zurückgeneigtem Hubmast transportieren.

- Bei Benutzung von Anbaugeräten das entsprechende Lastendiagramm beachten.

- Nie ruckartig anfahren oder bremsen.

- Bestimmungen der Straßenverkehrsordnung beachten.

- Die Last auf Steigungen immer bergwärts führen.

- Kurven immer langsam und vorsichtig befahren, möglichst großer Kurvenradius.

- Nur geeignete Fahrwege benutzen (eben, fest, tragfähig).

- Beim Befahren von unterkellerten Bereichen Deckenbelastung beachten (diese ist am Gebäude angegeben – in kg/m² oder in t/m²).

- Beim Befahren von Brücken, Bühnen, Abdeckungen, Aufzügen, Verladerampen usw. ist das Gesamtgewicht (Stapler + Ladung + Fahrer) gegenüber der angegebenen Tragfähigkeit zu beachten.

- Einfahrtshöhen und -breiten in Gebäuden beachten (freie Gangbreite, beidseitig mindestens 0,5 m).

- Bei Fahrten in Hallen mit erhöhter Vorsicht fahren.

- Pendeltüren in der Mitte anfahren, Schrittgeschwindigkeit fahren, Warnsignale abgeben, Sichtverbindung muss in beide Richtungen gegeben sein.

- Bahnübergänge immer langsam und im rechten Winkel überqueren.

- Beim Befahren von Verladerampen auf Absturzgefahr und Tragfähigkeit achten.

- Bei Gefahr müssen grundsätzlich Warnsignale abgegeben werden.

- Bei Dunkelheit oder schlechter Sicht Beleuchtung einschalten.

- Gabelstapler mit Fahrerstand oder -sitz dürfen nicht von außen betätigt werden.

- Fahrzeug nie bei angehobener Last verlassen.

8. Umgang mit der Last

8.3 Absetzen der Last

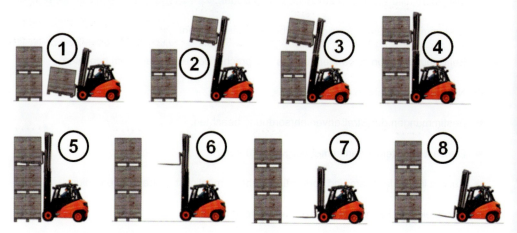

(1) In Transportstellung mit zurückgeneigtem Hubgerüst langsam an den Stapel heranfahren.

(2) Fahrzeug einbremsen, die Last mit zurückgeneigtem Hubgerüst leicht über Stapelhöhe hochfahren.

(3) Bremse lösen und über die Ablagestelle fahren.

(4) Hubgerüst vorneigen.

(5) Fahrzeug einbremsen, wenn sich die Last genau über dem Stapel befindet, diese absetzen, Gabeln etwas absenken.

(6) Bremse lösen, Blick nach hinten und zurückfahren; beim Zurückfahren Lenkeinschlag beachten (Gefahr durch Ausscheren der Gabelzinken).

(7) Gabeln wieder in untere Stellung bringen.

(8) Gabeln in Transportstellung zurückneigen.

Beim Herausfahren aus der Last ist darauf zu achten, dass die Gabelzinken nicht die Palette durch das senkrecht gestellte Hubgerüst mitnehmen bzw. durch den Lenkeinschlag die Last verrückt wird.

8. Umgang mit der Last

Auswahl der Abstellplätze

Nicht immer werden Lasten auf festen, dafür vorgesehenen Lagerplätzen abgestellt. Im Rahmen von Lagertätigkeiten kommt es immer wieder mal vor, das Lasten zeitweilig abgestellt werden müssen. Berücksichtigen Sie dabei unbedingt, dass Sie Lasten auch nicht zeitweilig z.B. an folgenden Orten abstellen dürfen:

- auf Fahrwegen
- vor Ein und Ausgängen
- vor Notausgängen und in Durchgängen
- vor Kranaufstiegen
- vor elektrischen Schaltanlagen
- auf Laderampen
- auf Gerüsten
- Leitern, Leiterpodesten und Treppen
- vor Sicherheitseinrichtungen (Telefon, Brandmelder, Feuerlöscher, Hydranten, Sanitäts- und Erste-Hilfe-Einrichtungen)
- in Gleisbereichen

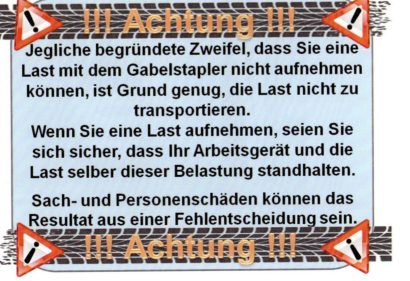

!!! Achtung !!!

Jegliche begründete Zweifel, dass Sie eine Last mit dem Gabelstapler nicht aufnehmen können, ist Grund genug, die Last nicht zu transportieren.
Wenn Sie eine Last aufnehmen, seien Sie sich sicher, dass Ihr Arbeitsgerät und die Last selber dieser Belastung standhalten.

Sach- und Personenschäden können das Resultat aus einer Fehlentscheidung sein.

!!! Achtung !!!

8. Umgang mit der Last

8.4 Be- und Entladung von Anhängern oder Wechselbrücken

Als Staplerfahrer pendeln Sie zwischen dem Lager und dem Lkw. Aber auch das Be- und Entladen birgt Gefahren immer dann, wenn der **LKW** nicht **gegen Wegrollen gesichert** ist (Handbremse, Unterlegkeil).

Gefährlich kann auch die Be- und Entladung einer Wechselbrücke sein. Vergewissern Sie sich stets, ob Sie **Wechselaufbauten** befahren können, in dem Sie sich über die ausreichende **Tragfähigkeit**, **Standsicherheit** (gesichert gegen Kippen) und die auftretenden Belastungen erkundigen.

8. Umgang mit der Last

8.5 Freie Sicht

Als Gabelstaplerfahrer sollten Sie nur Lasten aufnehmen, die so hoch sind, dass Sie von der Fahrerkabine aus in Fahrtrichtung auf die Fahrbahn sehen können. So ist gewährleistet, dass Sie die Möglichkeit haben, Hindernisse früh zu erkennen und diesen ausweichen zu können. Sollten Sie allerdings doch einmal eine Last aufnehmen, die Ihnen die Sicht versperrt, müssen Sie rückwärts oder mit Hilfe eines Einweisers fahren. Jede Hilfe ist besser als ein Unfall.

8. Umgang mit der Last

8.6 Umgang mit hängenden Lasten

Der Transport von hängenden Lasten ist nur mit den vorgesehen Geräten möglich und zulässig. (z.B. Containerstapler oder entsprechende Anbaugeräte mit zugelassenem Hebezeug)

8. Umgang mit der Last

8.7 Umgang mit Gefahrstoffen

Einen Blick auf die Last und darauf, was Sie eigentlich transportieren, kann nie falsch sein. Besonders, wenn Sie Gefahrstoffe transportieren ist gerade erwähnter Blick wichtig, denn dann transportieren Sie eine Last, die potenziell dazu in der Lage ist, Sie selbst, Ihre Kollegen und die Umwelt zu schädigen. Prüfen Sie die Last bevor Sie diese aufnehmen auf gesonderte Umgangshinweise. Sollten hier keine Angaben existieren, verfahren Sie nach Betriebsanweisung. Nur dann ist bei vorsichtigem Fahren ein sicherer Transport gewährleistet.

Kommen Sie allerdings doch einmal in die Situation, einen Unfall zu verursachen und dann auch noch mit einem Gefahrstoff, bleiben Sie fern von der Unfallstelle und dem Gefahrenbereich. Machen Sie den Gefahrenbereich kenntlich, so dass jeder darauf aufmerksam werden kann. Informieren Sie in jedem Fall die vorgeschriebenen Einsatzkräfte (Werksfeuerwehr oder örtliche Feuerwehr) und den Gefahrgutbeauftragten Ihres Unternehmens und Ihren Vorgesetzten. Warnen Sie weitere Mitarbeiter in der Nähe der Unfallstelle. Achten Sie bei Ihren Erstmaßnahmen auf Ihren persönlichen Schutz.

Gehen Sie kein Risiko ein!

Alle weiteren nötigen Informationen zur richtigen Verhaltensweise entnehmen Sie Ihrer Betriebsanweisung.

8. Umgang mit der Last

9. Besondere Einsätze

9. Besondere Einsätze

Im Alltag des Gabelstaplerfahrers kommt es natürlich auch vor, dass man Tätigkeiten verrichtet, die nicht unbedingt zu den üblichen Vorgängen gehören. Dennoch ist es wichtig, dass Sie eben auch diese besonderen Einsätze meistern können. Dieses Kapitel unterrichtet Sie darüber, welche besonderen Einsätze in Ihrem täglichen Umgang mit dem Gabelstapler auftreten können.

9.1 Arbeitsbühnen

Im Verlauf Ihrer Tätigkeiten kann es passieren, dass Arbeiten an Stellen verrichtet werden müssen, die ohne Weiteres nicht zu erreichen sind. In diesem Falle bedient man sich einer Arbeitsbühne, sofern das die Tragfähigkeit des Gabelstaplers erlaubt. Die Arbeitsbühne muss so konstruiert sein, dass der Schutz des Mitarbeiters, der auf der Arbeitsbühne arbeitet, zu jedem Zeitpunkt gewährleistet ist. Im Bild rechts sehen Sie eine Arbeitsbühne, wie sie aussehen muss. Wenn ein Mitarbeiter auf dieser Bühne arbeitet, ist besondere Vorsicht geboten, denn Sie sind für die Sicherheit verantwortlich.

Grundsätzlich sind folgende Sicherheitsmaßnahmen erforderlich:

- Arbeiten nur mit genehmigtem Arbeitskorb.
- Stapler muss für den Arbeitskorb vorgesehen sein.
- Betriebsanleitung beachten.
- Nur für kurzfristige Arbeiten erlaubt.
- Personen im Korb müssen geeignet und unterwiesen sein.
- Angabe des höchsten zulässigen Gesamtgewichtes.
- Angabe der zulässigen Personenanzahl im Korb.
- Zulässige Personenanzahl und Nutzlast nicht überschreiten.
- Nur für das Arbeiten erforderliche Material und Werkzeug mitnehmen.

9. Besondere Einsätze

- Beim Betreten oder Verlassen den Korb auf eine sichere Unterlage abstellen.
- Standplatz im Arbeitskorb darf nicht erhöht werden (z. B. durch Leitern).
- Verständigungsmöglichkeit.
- Standsicherheit beachten (Tragfähigkeit des Bodens, Bereifung).
- Handbremse anziehen.
- Nur auf Anweisung der Personen im Arbeitskorb hochheben oder senken.
- Bedienstand muss besetzt bleiben.
- Fahren verboten.
- Nur Versetz-Fahrten erlaubt.
- Hub- oder Senkgeschwindigkeit max. 0,5 m/s.
- Geländer mindestens 1 m hoch und mindestens 1 Mittelstange.
- Die Tür darf nicht nach außen öffnen.
- Durch Warnmarkierung gekennzeichnet.
- Bei Gefahr durch herabfallende Güter – Schutzdach erforderlich oder Schutzhelm.
- Arbeitskörbe müssen gegen Abgleiten, Abziehen und Kippen gesichert sei.
- Wiederkehrende Überprüfung.

!!! Achtung !!!
Arbeitsbühnen müssen fest mit dem Gabelstapler verbunden sein (Sicherungskette oder –bügel benutzen). Sie dürfen den Gabelstapler nicht verlassen, sobald die Arbeitsbühne hochgefahren ist. Niemals dürfen Sie mit dem Gabelstapler fahren, wenn die Arbeitsbühne besetzt ist. Das gilt nicht für Feinpositionierung direkt am Einsatzort.
!!! Achtung !!!

9. Besondere Einsätze

9.2 Öffentlicher Straßenverkehr

Grundsätzlich gilt für den Gabelstapler, dass dieser nur auf dem Betriebsgelände eingesetzt wird. Es kann aber auch vorkommen, dass Sie das Betriebsgelände wechseln müssen und dabei eine Straße überqueren, die der Straßenverkehrsordnung (StVO) unterliegt.

Sobald Sie mit Ihrem Gabelstapler eine Straße befahren, die nicht zum Betriebsgelände gehört, sind Sie offizieller Verkehrsteilnehmer und unterliegen dem Straßenverkehrsrecht.

Das Befahren öffentlicher Straßen unterliegt einigen Bedingungen:

Bestimmungen für den Fahrer

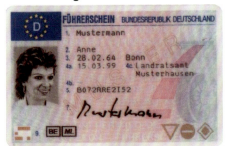

Neben dem Betriebsberechtigungsschein (Fahrausweis) benötigen Sie mindestens einen Führerschein der Klasse L, wenn die Benutzung öffentlicher Verkehrswege notwendig für Ihre Tätigkeit ist.

Zulassungsbestimmungen für den Gabelstapler

Gabelstapler mit einer bauartbedingten **Höchstgeschwindigkeit von nicht mehr als 20 km/h** sind von der Zulassungspflicht befreit. Sie brauchen **kein amtliches Kennzeichen**. Ein Schild, gut lesbar an den Seiten angebracht, mit Name und Anschrift des Besitzers, ist ausreichend.

Gabelstapler, die bauartbedingt **schneller als 20 km/h** fahren können, sind **zulassungspflichtig**. Sie müssen ein **amtliches Kennzeichen** haben, wenn sie am öffentlichen Straßenverkehr teilnehmen.

9. Besondere Einsätze

<u>Mitführen müssen Sie in jedem Fall die Betriebserlaubnis oder eine EG-Typengenehmigung</u>

Wie muss ein Gabelstapler beschaffen sein, wenn er am öffentlichen Straßenverkehr teilnimmt?

Grundsätzlich gelten für den Gabelstapler die gleichen **Bedingungen gem. StVZO**, wie für jedes andere Fahrzeug, das für den öffentlichen Straßenverkehr zugelassen ist.

Wesentliche Ausrüstungselemente für im öffentlichen Straßenverkehr eingesetzte Gabelstapler:

- Amtl. Kennzeichen (für Stapler über 20 km/h)
  mit Kennzeichenbeleuchtung;
  Schild mit Name und Anschrift des Besitzers (für Stapler bis 20 km/h)
- Außenspiegel
- Beleuchtung
  (Scheinwerfer und Fahrtrichtungsanzeige vorne)
  (Rückstrahler, Rückfahrscheinwerfer, Schlussleuchte, Blinkleuchte hinten)
- Fahrerrückhaltesystem
- Reifenprofil
- Unterlegkeil (für Stapler über 4 t Gesamtgewicht)

Zusätzlich müssen die Gabelzinken mit einem **Warnschutzbalken** gesichert sein.

Ausnahmen

Wie fast überall gibt es auch beim Betrieb von Gabelstaplern im öffentlichen Straßenverkehr Ausnahmen. Wenn Sie regelmäßig nur kurze Wege zurückzulegen haben, z.B. das Überqueren einer öffentlichen Straße, kann die Verkehrsbehörde eine Ausnahmegenehmigung erteilen. Sie kann mit Auflagen verbunden sein, z.B. Fahren nur bei Tageslicht oder Fahren nur in Begleitung eines Einweisers.

9. Besondere Einsätze

9.3 Anhänger und Eisenbahnwaggons

Sofern der Hersteller es zulässt, dürfen Sie mit Ihrem Gabelstapler ziehende Tätigkeiten verrichten. Wie der Kapitelabschnitt schon zeigt, geht es um Anhänger und Eisenbahnwaggons.
Solche Tätigkeiten dürfen Sie aber nur unter folgenden Bedingungen verrichten:

- Anhänger und Stapler müssen sicher miteinander verbunden sein (Kupplungsvorrichtung).
- Ziehen Sie mehrere Anhänger, so muss der schwerste Anhänger zuerst angekuppelt werden.
- Überzeugen Sie sich davon, dass der/die Anhänger richtig angekuppelt ist/sind.
- Die "Zug"-Geschwindigkeit muss angepasst sein (Schrittgeschwindigkeit).
- Vergewissern Sie sich, dass der Kupplungsbolzen nicht gelöst werden kann.
- Bei Bewegung des Zuges im öffentlichen Straßenverkehr brauchen Sie, entsprechend der Achszah,l die dafür vorgesehene Fahrerlaubnis.

Schienenfahrzeuge dürfen grundsätzlich nicht mit Gabelstaplern geschleppt werden, wenn sie nicht dafür zugelassen sind. Bei dieser Arbeit sind Drehhaken, Sliphaken oder Waggonrangiergeräte zu verwenden. Bei dieser Tätigkeit sind die Kenntnisse der Betriebsanweisung besonders wichtig.

9. Besondere Einsätze

9.4 Feuerflüssige Massen

Eine Einsatzmöglichkeit eines Gabelstaplers kann sich in Schmelzanlagen oder Gießereien befinden. Damit geht der Transport von feuerflüssigen Massen einher, und das bedeutet zu Ihrem eigenen Schutz besondere Sicherheitsvorkehrungen:

- ➡ Das Tragen der persönlichen Schutzausrüstung gem. Betriebsanweisung ist unbedingt erforderlich.
- ➡ Das Führerhaus des Gabelstaplers muss durch ein Wärmeschutzglas abgesichert sein, so dass Sie vor Feuer und Wärme geschützt sind.
- ➡ Die Gefäße der feuerflüssigen Massen müssen unbedingt Vorrichtungen haben, die ein Lösen des Gefäßes von der Gabelstaplervorrichtung ausschließen.
- ➡ Beachten Sie die Besonderheiten beim Transport von Flüssigkeiten und bedenken Sie stets, dass auch flüssige Massen nicht unbeweglich sind. Ein bedachter Transport und ein angemessenes Tempo sind somit Pflicht.

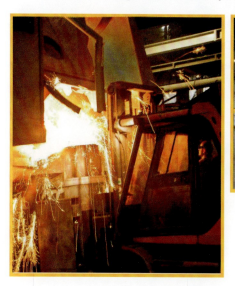

9. Besondere Einsätze

9.5 Einsatz von kraftstoffbetriebenen Gabelstaplern in Hallen

Kraftstoffbetriebene Gabelstapler können nur beschränkt in Hallen eingesetzt werden, denn durch Ihre Abgase sind die Umwelt und die Gesundheit aller Mitarbeiter gefährdet. Bei Anschaffung neuer Gabelstapler obliegt es also dem Unternehmen zu prüfen, ob mit einem Elektrogabelstapler oder einem Treibgasstapler auszukommen ist.

Sollte nach der eingehenden Prüfung des Unternehmers festgestellt werden, dass ein Gabelstapler mit Dieselmotor weiterhin notwendig ist, so muss dieser bei der zuständigen Behörde angemeldet werden, es sei denn, der Gabelstapler wird nur im Freien verwendet.

Wenn dieselbetriebene Gabelstapler in Hallen eingesetzt werden, müssen diese mit einem Dieselpartikelfilter ausgestattet sein. Weiterhin muss dem Dieselkraftstoff ein Zusatz beigemischt werden, der die Abgasproduktion schon beim Betrieb des Gabelstaplers mindert. Das Mischungsverhältnis der Kraftstoffe finden Sie in der Betriebsanleitung, steht aber normalerweise im Verhältnis 1:1000.

9. Besondere Einsätze

10. Verkehrszeichen, Verkehrsregeln und Verkehrswege

10. Verkehrszeichen, Verkehrsregeln und Verkehrswege

Im Rahmen Ihrer täglichen Arbeit können Ihnen eine Menge Zeichen und Schilder begegnen, die alle unterschiedliche Bedeutungen haben. Sie dienen Ihnen als Verbot oder Gebot, als Warnung und Rettung im Falle von Unfällen.

10.1 Verkehrszeichen

Verbotszeichen haben eine kreisrunde Form. Darin befindet sich ein roter Kreis auf weißem Untergrund, der normalerweise rot durchgestrichen ist. Beispiele für Verbotszeichen sind:

Diese Schilder zeigen Ihnen an, dass entsprechende Handlungen verboten sind. Hüten Sie sich, diese Schilder zu ignorieren. Zuwiderhandlung birgt für Sie und allen Beteiligten erhebliche Gefahr und wird in jedem Fall durch den Unternehmer und das Gesetz bestraft.

10. Verkehrszeichen, Verkehrsregeln und Verkehrswege

Gebotszeichen haben eine kreisrunde Form. Der Untergrund ist blau und es befinden sich weiße Symbole darin. Beispiele für Gebotszeichen sind:

Gebotszeichen sind dazu da, Ihnen gewisse Schutzmaßnahmen bei bestimmten Tätigkeiten zu gebieten. Halten Sie sich an diese Zeichen, denn sie dienen allgemein Ihrem Schutz und ermöglichen Ihnen bei Einhaltung ein sicheres Arbeiten und langfristigen Gesundheitsschutz.

10. Verkehrszeichen, Verkehrsregeln und Verkehrswege

Warnzeichen haben eine dreieckige Form. Die Hintergrundfarbe ist gelb und das Dreieck hat einen schwarzen Rand. Beispiele für Warnzeichen sind:

Diese Warnzeichen tauchen während Ihrer Arbeit als Gabelstaplerfahrer am häufigsten auf. Sie warnen Sie vor evtl. auftretenden Gefahren. Seien Sie also vorsichtig bei Ihrer Tätigkeit, wenn Sie ein solches Warnschild sehen.

10. Verkehrszeichen, Verkehrsregeln und Verkehrswege

Rettungszeichen haben eine quadratische bzw. rechteckige Form. Der Untergrund ist grün, darauf befinden sich weiße Symbole. Die Zeichen haben meistens einen weißen Rand. Beispiele für Rettungszeichen sind:

Sollte doch einmal ein Unfall passieren, sind Sie dazu verpflichtet, Hilfe zu leisten. Die Rettungszeichen zeigen Ihnen im Ernstfall, wo Sie etwaige Notfalleinrichtungen finden können bzw. wohin Sie sich im Gefahrenfalle begeben müssen. Benutzen Sie diese Notfalleinrichtungen nie ohne einen wirklichen Notfall, damit diese immer einsatzbereit sind.

10. Verkehrszeichen, Verkehrsregeln und Verkehrswege

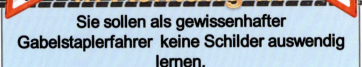

!!! Achtung !!!

Sie sollen als gewissenhafter Gabelstaplerfahrer keine Schilder auswendig lernen.

Aber Sie müssen in der Lage sein, die Bedeutung der Schilder richtig zu deuten.

Achten Sie stets auf solche Schilder, denn Sie dienen dazu, Sie zu schützen und ggf. Leben zu retten.

!!! Achtung !!!

10. Verkehrszeichen, Verkehrsregeln und Verkehrswege

10.2 Verkehrsregeln und Verkehrswege

Ähnlich, wie im regulären Straßenverkehr, gibt es auch in Ihrem Unternehmen Verkehrsregeln und -wege, die es zu beachten gilt. Verkehrsregeln und auch festgelegte Verkehrswege befinden sich in der Betriebsanweisung des Unternehmens. In vielen Fällen weist die Betriebsanweisung aber auf die allgemeingültige Straßenverkehrsordnung hin.

Das bedeutet, hier gelten hier die Grundsätze der Straßenverkehrsordnung, wie z.B. die Regelung "Rechts vor Links", insbesondere da wo keine Verkehrszeichen bzw. markierte Verkehrswege den Verkehr regeln.

Denken Sie daran,

- dass Verkehrswege und Fußwege nach Möglichkeit auseinander zu halten sind
- dass Sie Verkehrswege in jedem Fall freihalten
- dass Sie Fluchtmöglichkeiten nicht behindern
- dass der Boden unter Ihren Rädern einen Gabelstapler tragen kann

10. Verkehrszeichen, Verkehrsregeln und Verkehrswege

Weiterhin macht es natürlich einen Unterschied, ob Sie auf festem Untergrund fahren oder der Boden uneben ist. Bei Betrieben, die **Außenlagerung**, also Lagerung unter freiem Himmel betreiben, kann es passieren, dass mehrere **Unebenheiten** Ihren Fahrweg kreuzen. Achten Sie auf diese Unebenheiten und weichen Sie diesen ggf. aus, um sich selbst und auch andere nicht zu gefährden.

Besondere Aufmerksamkeit gilt dann, wenn Sie **Rampen und Wechselbrücken** befahren. Da Rampen im Regelfall ungesichert sind, besteht sehr hohe Kippgefahr, wenn Sie auch nur einen cm zu weit fahren. Des Weiteren vergewissern Sie sich immer beim Befahren von Wechselbrücken, dass diese gesichert sind und die Last eines Gabelstaplers aushalten.

Wenn Sie mit Ihrem Gabelstapler **Regalgänge** befahren müssen, achten Sie darauf, dass keine Fußgänger in Ihrem Fahrweg stehen. Auch kommt es immer wieder zu Unfällen, wenn Sie aus einem Regalgang herausfahren. Denn dadurch, dass Sie und auch Fußgänger durch die Regale weitaus weniger Übersicht haben, kann es passieren, dass plötzlich ein Fußgänger vor Ihrem Stapler steht.

Fahren Sie vorausschauend, gemäßigt und bedacht.

10. Verkehrszeichen, Verkehrsregeln und Verkehrswege

Zuletzt kann es problematisch sein, wenn Sie **Gleise** überqueren müssen. Durch die Erschütterung kann instabile Ware zu Bruch gehen oder auf den Gabelzinken verrutschen. Fahren Sie also auch hier langsam, immer mit einem Auge ruhend auf der Ware.

Schlusswort

Schlusswort

Haben Sie sich dieses Heft gut durchgelesen? Glauben Sie, Sie können mit Ihrem täglichen Arbeitsgerät gut umgehen? Dann sind Sie ein wahrer **Gabelstaplermeister**. Dieses Buch sollte Ihnen aufzeigen, dass das Fahren eines Gabelstaplers mit vielen Gefahren und unüblichen Situationen verbunden ist, die Sie nun hoffentlich professionell meistern. Auch wenn Ihre Kollegen Sie überreden wollen, Ihre Arbeit schneller zu machen, seien Sie sich immer bewusst, dass Sie unter Umständen Werte in Höhe von mehreren tausend Euro auf Ihren Gabelzinken transportieren.

Halten Sie sich an die Ratschläge und Tipps aus diesem Buch und Sie werden Ihren Alltag als Gabelstaplerfahrer mühelos meistern. Spätestens nach diesem Buch sollte Ihnen auch klar sein, dass das Fahren eines Gabelstaplers kein Kinderspiel ist, und wenn Sie sich irgendwann in einer Gefahrensituation befinden und Ihre Handlungen resultieren aus diesem Buch, dann haben Sie alles richtig gemacht. Dann hat auch dieses Buch seinen Zweck erfüllt.

Anhang Checkliste Abfahrtkontrolle

Checkliste zur Prüfung des Gabelstaplers vor der Abfahrt

Details richten sich nach der jeweiligen Betriebsanleitung

Rundgang:

Kontrollpunkt	Kontrolldetail	In Ordnung	Nicht in Ordnung	Nicht zutreffend	Bemerkungen
Gabelzinken	Brüche, Risse, Verbiegung, Verschleiß				
Gabelzinkensicherung	Sicherung aktiv, Zinken lassen sich nicht verschieben				
Gabelträger	Beschädigung, Funktion				
Hubmast	Austretende Flüssigkeiten an Rohrleitungen und Zylinder				
Lastketten	Risse, defekte Glieder, Spannung				
Reifen	Profil, Druck, Muttern und Schrauben, Verschleiß				
Fahrerschutzdach	Erkennbare Schäden				
Schleppbolzen	Eingeschoben, Bolzen liegt auf dem Gegengewicht auf				

Anhang Checkliste Abfahrtkontrolle

Motorinnenraum:

Kontrollpunkt	Kontrolldetail	In Ordnung	Nicht in Ordnung	Nicht zutreffend	Bemerkungen
Keilriemen des Lüfters	Risse, Biegsamkeit, Spannung 12 -14 mm bei Daumenprüfung				
Wasserabscheider	Kontrolle, Wasserablass aus dem Kraftstofffilter				
Wärmetauscher	Sauberkeit, ggf. mit Druckluft reinigen				
Flüssigkeiten	Füllstandskontrolle: Motoröl, Hydrauliköl, Bremsflüssigkeit, Automatikgetriebe Ölstand, Säurestand Batterie				
Verdampfer	Teeransammlung kontrollieren, ggf. reinigen				
Kraftstoffleitung	Zustand, Dichtigkeit, Verbindungen				

Anhang Checkliste Abfahrtkontrolle

Auf dem Fahrersitz / Funktionskontrollen:

Kontrollpunkt	Kontrolldetail	In Ordnung	Nicht in Ordnung	Nicht zutreffend	Bemerkungen
Hydraulik	Kontrolle aller Bewegungstypen, Heben/Senken, Kippen, links/rechts				
Stapel-/ Absenktest	Aufnahme einer leichten Last auf maximale Höhe, Absenken mit maximaler Geschwindigkeit. Zwischendurch schneller Stopp. Last muss an der Stelle verbleiben				
Lenksäule/ Lenkrad	Kontrolle Lenkungsspiel, nicht mehr als 10 mm				
Elektroanlage	Funktion Hupe, Scheinwerfer, Kontrollleuchten				
Fahrersitz	Befestigung, Einstellung, ggf. Gurte				
Pedale	Zustand, Funktion				
Trittbremse	Pedalspielraum, normal 1-3 mm, Funktion				
Feststellbremse	Funktion, Gängigkeit				

Anhang Fahrauftrag

Beispiel 1

**Schriftliche Beauftragung
von Gabelstaplerfahrern**

Herr / Frau _____ geb.: _____

Wohnort: _____

Wird in unserem Betrieb als Führer/in von Gabelstaplern mit dem selbständigen Führen von folgenden Flurförderzeugen beauftragt:

Hersteller_____ Typ_____

Hersteller_____ Typ_____

Hersteller_____ Typ_____

Er/Sie **hat** seine/ihre Befähigung zum Führen der vorstehend genannten Flurförderzeuge gegenüber dem Unternehmer nachgewiesen.

Die erforderliche Unterweisung erfolgte durch:

-Staplerfahrerlehrgang

-außerbetriebliche Schulung bei:_____

-innerbetriebliche Schulung am:_____

Datum   -Unternehmer-   -Staplerfahrer/in-

Anhang Fahrauftrag

Beispiel 2

Beauftragung
zum Führen von
Flurförderzeugen

bei Firma:

Personalien:

_____ _____ _____
Name   Vorname   Geburtsdatum

Nachweis der körperlichen Eignung

Hiermit wird bescheinigt, daß die/der o.g. Beschäftigte einer arbeitsmedizinischen Vorsorgeuntersuchung gemäß Grundsatz G 25 für Fahr-, Steuer- und Überwachungstätigkeiten unterzogen wurde.
Im Ergebnis bestehen keine gesundheitlichen Bedenken gegen eine Tätigkeit als Führer von Flurföderzeugen.
Eventuelle Bedingungen für die Ausübung der Tätigkeit sind in der ärztlichen Bescheinigung enthalten

_____   _____
Datum   Betriebsarzt

Bemerkungen:
Dieser Eignungsnachweis ist bis 3 Jahre nach dessen Ausstellung gültig.
Vor Ablauf der Frist ist eine erneute arbeitsmedizinische Vorsorgeuntersuchung erforderlich.

Nachweis der Ausbildung

Der Inhaber dieses Dokuments hat die Befähigung zum selbständigen Führen von Flurförderzeugen erworben durch:

- ☐ Berufsausbildung als Baumaschinenführer
- ☐ Teilnahme am Lehrgang für Führer von Flurförderzeugen
- ☐ Eine Einweisung am Gerät durch den Hersteller/Fachpersonal fand statt
- ☐ Die zum Nachweis erforderlichen Dokumente lagen zum Zeitpunkt der Beauftragung vor.

Beauftragung zum Führen von Flurförderzeugen

Der Inhaber dieses Dokuments ist zum Inhalt der UVV BGV D27 unterwiesen und wird als Fahrzeugführer mit dem selbständigen Führen nachfolgend bezeichneter Flurförderzeuge beauftragt:

- ☐ Gabelstapler   ☐ Standschubmaststapler   ☐ Schubmaststapler   ☐ Hubwagen
- ☐ Im innerbetrieblichen Verkehr   ☐ Auf beschränkt öffentlichen Verkehrsflächen   ☐ Im öffentlichen Verkehr

_____ _____ _____
Ausstellungsdatum   Unternehmer   Sicherheitsfachkraft

Anhang Betriebsanweisung

Beispiel 1

Firma:	**Betriebsanweisung**	Arbeitsbereich:	Stand:
Arbeitsplatz:	**Umgang mit Gabelstapler** Tätigkeit:	Verantwortlich: Unterschrift	

Anwendungsbereich

Diese Betriebsanweisung gilt für den Betrieb und Verkehr mit Gabelstaplern auf dem gesamten Betriebsgelände durch die beauftragten Staplerfahrer.

Gefahren für Mensch und Umwelt

Beim innerbetrieblichen Transport mit Gabelstaplern ergeben sich Gefahren u.a. durch zu hohe Geschwindigkeiten, insbesondere im Bereich von Arbeitsplätzen der Kollegen, im Bereich von Kurven und an unübersichtlichen Stellen.

Weitere Ursachen für Unfälle sind falsch aufgenommene Last, Überlastung der Stapler, eingeengte Sichtverhältnisse auf dem Stapler und beengte Verkehrswege.

Durch den Einsatz von diesel-/gasbetriebenen Staplern in geschlossenen Hallen können giftige Abgase die Gesundheit der Beschäftigten beeinträchtigen.

Schutzmaßnahmen und Verhaltensregeln

Stapler dürfen nur geführt werden, wenn eine schriftliche Beauftragung vom Unternehmer vorliegt.

Prüfung auf Betriebssicherheit durch einen Sachkundigen nicht älter als ein Jahr.

Betriebsanleitung des Staplerherstellers beachten.

Vor Arbeitsbeginn Sicht- und Funktionsprüfung an folgenden Teilen des Staplers durchführen: Fahrgestell, Reifen, Fahrerschutzdach, Antrieb, Betriebs- und Feststellbremse, Lenkung (Lenkungsspiel max. 2 Finger breit), Lastaufnahmeeinrichtung (einschl. Ketten, Zustand der Gabeln), Hydrauliksystem, Hupe, Beleuchtung, Lastschutzgitter, Batterie bzw. Abgasreinigung.

Beim Aufnehmen der Last ist zu beachten:
- Tragfähigkeit nicht überschreiten. Typenschild und Lastschwerpunktdiagramm beachten.
- Last so aufnehmen, dass sich der Lastschwerpunkt so nah wie möglich am Gabelrücken befindet, Last soll so nah wie möglich am Gabelrücken anliegen.
- Hubmast zum Fahrer hin neigen.

Beim Absetzen der Last ist auf folgendes zu achten:
- Last nur unmittelbar vor dem Absetzen bei stehendem Stapler anheben oder absenken.
- Hubgerüst nur über der Stapelfläche nach vorne neigen.
- Bei angehobener Last den Stapler nicht verlassen.
- Last nicht auf beschädigten Transport- oder Lagermitteln (z.B. Paletten, Gitterboxen, Container, Behälter, Regale) stapeln.

Abstellen des Staplers: Gabeln absenken, Handbremse anziehen, Gang auf Null stellen, Zündschlüssel abziehen, keine Verkehrs- und Rettungswege, Notausgänge, Feuerlöschgeräte usw. verstellen.

Auf dem Stapler oder dem Lastaufnahmemittel dürfen keine Personen transportiert werden.

Beim Einsatz des Staplers als Trägergerät für Arbeits- oder Montagebühnen spezielle Betriebsanweisung „Arbeitsbühnen für Gabelstapler" beachten.

Verkehrswege: Es dürfen nur freigegebene Verkehrswege befahren werden. Auf öffentlichen Verkehrswegen darf nur mit besonders zugelassenen Staplern gefahren werden.

Keine Last auf Verkehrs- und Rettungswegen, vor Notausgängen, elektrischen Verteilungen und Feuerlöschgeräten abstellen.

Betriebsanweisung: Umgang mit Gabelstapler - 1/2

Anhang Betriebsanweisung

Verhalten bei Störungen

Der nächste Vorgesetzte ist sofort über Mängel am Stapler, auch abgelaufene Prüffristen, den Transporthilfsmitteln oder an den Verkehrswegen zu informieren.

Stapler, die nicht in Ordnung sind, dürfen nicht benutzt werden und sind gegen Wiederingangsetzen zu sichern (Schlüssel abziehen).

Verhalten bei Unfällen – Erste Hilfe

Bei Unfällen ist Erste Hilfe zu leisten (Blutungen stillen, verletzte Gliedmaßen ruhigstellen, Schockbekämpfung) und der Unfall zu melden. Für die Erste-Hilfe-Leistung Ersthelfer heranziehen. Ruhe bewahren und auf Rückfragen antworten.

NOTRUF: ....

Ersthelfer ist ...., Tel.: ....

Instandhaltung

Instandhaltungsarbeiten dürfen nur von beauftragten Personen durchgeführt werden.

Bei Instandhaltungsarbeiten ist der Stapler gegen Fortrollen zu sichern

Bei Arbeiten unter dem hochgefahrenen Lastaufnahmemittel ist dieses gegen Absinken zu sichern.

Mindestens einmal jährlich Prüfung durch einen Sachkundigen auf Betriebssicherheit.

Dieser Entwurf muss durch arbeitsplatz- und tätigkeitsbezogene Angaben ergänzt werden.

In diesem Dokument wird auf eine geschlechtneutrale Schreibweise geachtet. Wo dieses nicht möglich ist, wird zugunsten der besseren Lesbarkeit das ursprüngliche grammatische Geschlecht als Klassifizierung von Wörtern (männlich, weiblich, sächlich und andere) verwendet. Es wird hier ausdrücklich darauf hingewiesen, dass damit auch jeweils das andere Geschlecht angesprochen ist.

Betriebsanweisung: Umgang mit Gabelstapler - 2/2

Anhang Betriebsanweisung

Beispiel 2

Nummer: Stand: Verantwortlich: **Mustermann**	**Betriebsanweisung** **Gabelstapler** **innerbetrieblicher Verkehr**	**Musterbetrieb**
Arbeitsplatz/Tätigkeitsbereich:	**Musterbereich**	

1. Anwendungsbereich

Diese Betriebsanweisung gilt für den Betrieb und Verkehr mit Flurförderzeugen mit Fahrersitz oder Fahrerstand auf dem gesamten Betriebsgelände durch die beauftragten Staplerfahrer.

2. Gefahren für Mensch und Umwelt

- Beim innerbetrieblichen Transport mit Gabelstaplern ergeben sich Gefahren u.a. durch zu hohe Geschwindigkeiten, falsch aufgenommene Last, Überlastung der Stapler oder eingeengte Sichtverhältnisse.
- Benutzen des Staplers durch unbefugte Personen
- Unbeabsichtigtes Ingangsetzen des Staplers
- Um- und Abstürzen des Staplers
- Getroffen werden durch herabfallendes Transportgut
- Anfahren von Personen und baulichen Einrichtungen
- Gefährliche Abgasbestandteile bei Dieselstaplern
- Verätzungen durch Batteriesäure bei beschädigten Batterien oder beim Nachfüllen von destilliertem Wasser (siehe spezielle Betriebsanweisung)

3. Schutzmaßnahmen und Verhaltensregeln

- Benutzung nur durch beauftragte Personen (Mindestalter 18 Jahre, Jugendliche über 16 Jahre nur unter Aufsicht) unter Beachtung der Betriebsanleitung des Herstellers
- Es dürfen nur Stapler mit gültigem Prüfnachweis (Plakette) verwendet werden.
- Flurförderzeuge mit Verbrennungsmotor nur in folgenden Bereichen einsetzen:
  (hier Einsatzbereiche eintragen)
- Täglich vor dem Arbeitsbeginn sind zu prüfen: Fahrgestell, Reifen, Fahrerschutzdach, Antrieb, Betriebs- und Feststellbremse, Lastaufnahmeeinrichtung (einschl. Ketten, Zustand der Gabeln), Lastschutzgitter, Lenkung (Lenkungsspiel max. 2 Finger breit), Hydraulik, Beleuchtung, Warneinrichtung, Batterie bzw. Abgasreinigung.
- Bei Lastaufnahme sind zu berücksichtigen:
  - Freie Sicht
  - Tragfähigkeit nicht überschreiten. Typenschild und Lastschwerpunktdiagramm beachten
  - Last so aufnehmen, dass sich der Lastschwerpunkt so nah wie möglich am Gabelrücken befindet
  - Last soll so nah wie möglich am Gabelrücken anliegen.
  - Hubmast zum Fahrer hin neigen
- Beim Fahren und Transport ist zu beachten:
  - Innerbetriebliche Verkehrsregeln
  - Bei Sichtbehinderung durch Last: rückwärts fahren
  - Vorhandene Fahrerrückhalteeinrichtung (z.B. Sicherheitsgurt) benutzen
  - Tragfähigkeit der Fahrbahn, ggf. auch von Ladeblechen, LKW und deren Anhänger, Aufzügen
  - LKW, Sattelauflieger u.a. vor dem Befahren gegen Wegrollen sichern
  - Last in tiefster Stellung und bergseitig transportieren
  - Mit angemessener Geschwindigkeit fahren
  - Mitnahme von Personen grundsätzlich verboten
  - Keine Last auf Verkehrs- und Rettungswegen, vor Notausgängen, elektrischen Verteilungen und Feuerlöschgeräten abstellen
- Beim Absetzen der Last ist auf folgendes zu achten:
  - Last nur unmittelbar vor dem Absetzen bei stehendem Stapler anheben oder absenken
  - Hubgerüst nur über der Stapelfläche nach vorne neigen
  - Bei angehobener Last den Stapler nicht verlassen
  - Last nicht auf beschädigten Transport- oder Lagermitteln (z.B. Paletten, Gitterboxen, Container, Behälter, Regale) stapeln
- Beim Abstellen des Staplers gilt: Gabel absenken, Feststellbremse betätigen, Schlüssel abziehen, Verkehrs- und Rettungswege, Notausgänge, Feuerlöschgeräte usw. freihalten
- Bei Verwendung von Arbeitsbühnen: Betriebsanweisung Arbeitsbühnen beachten

Anhang Betriebsanweisung

	4. Verhalten bei Störungen
	• Bei sicherheitsrelevanten Störungen (z.B. an Bremse, Gabel, Hydraulik) Stapler nicht benutzen, Gegen Benutzung sichern und Vorgesetzten informieren
	5. Verhalten bei Unfällen; Erste Hilfe
⊞	• Ruhe bewahren • Ersthelfer heranziehen • **Notruf: 112** • Unfall melden
	6. Instandhaltung; Entsorgung
	• Instandhaltungsarbeiten dürfen nur von hierzu beauftragten fachkundigen Personen oder Fachfirmen durchgeführt werden. Für die Entsorgung (z.B. Altöl, Hydraulikflüssigkeit) ist zuständig: *(hier Name eintragen)*

Datum: Unterschrift:
                                          Unternehmer/Geschäftsleitung
Nächster
Überprüfungstermin:
Dieser Entwurf muss durch arbeitsplatz- und tätigkeitsbezogene Angaben ergänzt werden.

Notizen

Notizen

Notizen

Notizen

Notizen

Notizen